NACHO
@neuronacho

EL CEREBRO MILENIAL

Una aproximación neurocientífica
a lo que nos pasa

Ilustrado por Domm Cobb

Random
CÓMICS

Papel certificado por el Forest Stewardship Council®

Primera edición: junio de 2022

Printed in Spain – Impreso en España

ISBN: 978-84-18040-10-8
Depósito legal: B-7.534-2022

Compuesto en Compaginem Llibres, S. L.
Impreso en Limpergraf
Barberà del Vallès (Barcelona)

CM 4 0 1 0 8

ÍNDICE

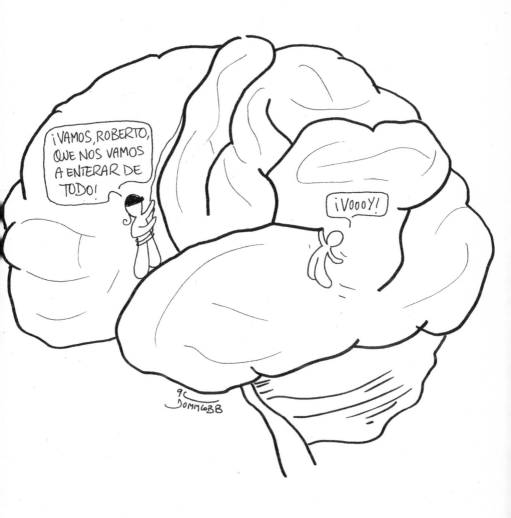

PRÓLOGO

INTRODUCCIÓN A LAS GENERACIONES

Seguro que te has dado cuenta de que tanto los medios de comunicación como las redes sociales están plagados de referencias constantes a los milenials o a la generación Z. Ahora, incluso se habla de una generación alfa, que comprendería a las personas nacidas durante la pandemia.

Pero ¿de dónde viene esta necesidad de hablar de generaciones?

¿Qué hace que hablemos de generaciones.

La mejor forma de empezar a enfrentar estas cuestiones es aportando una definición de la palabra *generación*. Según la Real Academia Española, estas son las acepciones del término:

1. Acción y efecto de engendrar.
2. Acción y efecto de generar.
3. Sucesión de descendientes en línea recta.
4. Conjunto de las personas que tienen aproximadamente la misma edad.
5. Conjunto de personas que, habiendo nacido en fechas próximas y recibido educación e influjos culturales y sociales semejantes, adoptan una actitud en cierto modo común en el ámbito del pensamiento y de la creación.
6. Cada una de las fases de una técnica en evolución, en que se aportan avances e innovaciones respecto a la fase anterior.
7. Casta, género, especie.

Vale, bien. **Tú, ¿con cuál te quedas?**

Yo, personalmente, escojo la quinta acepción.

Conjunto de personas que, habiendo nacido en fechas próximas y recibido *educación e influjos culturales y sociales semejantes*, adoptan una *actitud en cierto modo común* en el ámbito del *pensamiento y de la creación*.

De acuerdo con esta definición, podríamos decir que los factores que marcan la existencia de una generación son, por un lado, de tipo **cronológico** y, por otro, de tipo **personal**. Es decir, no se trata solo de que los miembros de una generación se enmarquen dentro de un determinado rango de edades, sino que estos, además, se ven influidos por factores comunes que influyen en su manera de pensar, comportarse y percibir el mundo. Sin embargo, a pesar de sus similitudes, **los miembros de una generación son dispares y no constituyen un grupo homogéneo**. En definitiva, se podría decir que una **generación es un grupo de personas muy diversas, universos interdependientes, conectados por un contexto común**.

A día de hoy, no parece que exista un criterio científico que permita **determinar con exactitud cuándo una generación es lo suficientemente distinta a la anterior** como para que pueda adquirir una entidad propia. Los puntos de corte generacionales se consideran herramientas que pueden ser de utilidad para investigadores a la hora de definir grupos poblacionales con unas características determinadas (1). **Pero no se trata de una ciencia exacta.** Sin embargo, sí está reconocido que **el contexto sociocultural es clave a la hora de analizar las diferentes generaciones**. Así, la situación económica y sociopolítica del momento influye de manera significativa en el carácter de diferentes sectores de la población, a su vez condicionados por una historia anterior. Eventos relevantes, como una crisis económica, catástrofes naturales o, más recientemente, una pandemia, pueden ser elementos que conformen y modifiquen las actitudes y conductas de generaciones enteras, **pudiendo servir como marcadores o hitos generacionales**. Una consecuencia de esto es que las generaciones no sean iguales en todos los países. Un ejemplo claro es el de **la generación de los baby boomers**, que comprende franjas cronológicas diferentes en cada país. En **Estados Unidos**, los baby boomers son las personas nacidas entre 1945 y 1965, pertenecientes a un pico de natalidad que tuvo lugar tras el final de la **Segunda Guerra Mundial**. Sin embargo, en **España**, esta generación de boomers **aparece desplazada hacia la segunda mitad de la dictadura**, entre 1950 y 1975.

Con respecto a las generaciones milenial (nacidos entre 1981 y 1997) y Z (nacidos entre 1997 y 2010) las cosas cambian, considerándose considerablemente homogéneas entre países debido, en gran medida, **al auge de las nuevas tecnologías y las redes sociales** (2). El desarrollo de estas herramientas en un contexto de globalización ha permitido a juventudes de múltiples países compartir intereses, preocupaciones e inquietudes de manera simultánea. Por esas razones, **milenials y Z están marcados por las nuevas tecnologías**, aunque de manera diferente. Mientras que los milenials vivieron **el inicio de la digitalización**, los miembros de la generación Z **son nativos digitales**. Sin embargo, ambas generaciones tienen en común que las nuevas tecnologías y las redes sociales estuvieron presentes en un periodo clave de su desarrollo, **como la infancia y la adolescencia.**

Seguro que podríamos hablar de muchísimas variables que distinguen a milenials y zetas. También de otras que nos agrupan y separan de otras generaciones. Sin querer caer en la comparación por la comparación, creo que los intereses y, por tanto, las reivindicaciones, de cada generación **están atravesadas por un contexto social, económico y político determinado.** En gran medida, también son, en muchas ocasiones, una suerte de reacción a las tendencias transmitidas por generaciones anteriores.

Si te digo la verdad, yo creo que hay cuestiones que nos interesan más a milenials y zetas que a las generaciones anteriores.

Eso es **lo que he venido a contarte en este libro, con el que** solamente persigo un objetivo: **servirme de la investigación en psicología y neurociencia para dar una perspectiva científica de los intereses de las generaciones milenial y Z.** Desde mi punto de vista, existen cuatro campos principales que acaparan el interés de estas generaciones. La idea principal es que me acompañes a lo largo de las siguientes páginas, donde aprenderemos juntos **qué es lo que tiene que decir la ciencia acerca de lo que nos preocupa.**

En el primer capítulo, hablaremos de sexualidad y del creciente interés de nuestra generación por explorarla de manera informada, sin tabúes o restricciones. Tras repasar los estudios que describen la respuesta sexual humana y cómo se aprecia en el cerebro, **haré todo lo posible para que nos quede bien clarito que la excitación y el placer sexual se procesan en nuestro cerebro.**

De cómo ha tratado la ciencia la diversidad sexual **en términos de orientación e identidad sexual hablaremos en el segundo capítulo.** ¿Para qué han utilizado los científicos vídeos eróticos en sus investigaciones? **¿Es diferente el cerebro de una persona gay al de otra heterosexual?** ¿Podemos conocer la orientación sexual de una persona viendo cómo se activa su cerebro?

En el tercer capítulo, hablaremos **de las redes sociales**. Somos la primera generación que se ha desarrollado enteramente en un marco de relaciones sociales con un componente virtual. A diferencia de otras generaciones, como la de nuestras madres y abuelas, la tecnología ha estado presente en periodos críticos de nuestro desarrollo neuropsicológico. Por tanto, nos centraremos en **la dimensión social del ser humano y en sus reflejos en el cerebro**. Por supuesto, hablaremos de cómo reacciona nuestro cerebro ante **un like en Instagram** y tocaremos el tema de **la adicción a las redes sociales**. ¿Es posible ser adicto a Instagram? ¿Cómo podemos saber si tenemos un problema de adicción a las redes sociales?

Por último, cerraremos el libro hablando de **salud mental**. La generación Z ha sido acuñada en numerosas ocasiones como la generación de cristal. Esta etiqueta supuestamente refleja cierta falta de tolerancia a la frustración, quejas continuas, insatisfacción crónica y pesimismo. **¿Somos realmente más frágiles que nuestros padres?** O, en su lugar, **¿puede que seamos más transparentes? Y ¿si somos ambos?**

———— ✳ ————

Debido a la cantidad de rasgos que comparten, a partir de ahora, utilizaré el término *milenial* para referirme tanto a la generación milenial como a la generación Z.

CAPÍTULO 1

*Este capítulo se escribió escuchando en bucle
la discografía de Zahara y Nathy Peluso.*

SEXUALIDAD Y CEREBRO

Hablemos de sexualidad.

Por supuesto, no se trata de un tema de interés exclusivamente para milenials. De hecho, se considera que el estudio sistemático y científico de la sexualidad **comenzó a finales del siglo XIX**, siendo un campo que se desarrollaría a lo largo de todo el siglo XX. En este periodo nació la **sexología**, la ciencia que estudia la dimensión sexual del ser humano, la cual tiene una parte de investigación y de práctica clínica.

Entonces... **¿por qué hablar de sexualidad en un libro destinado a milenials?**

Pues por varios motivos. Y para ello es necesario que nos pongamos en contexto.

Muchos de los milenials son hijos de padres y madres que vivieron, al menos, un periodo del franquismo en España. Esto es relevante, ya que la carga religiosa e ideológica de la dictadura franquista (1939-1975) **relegó el sexo y la sexualidad a un lado oscuro**, lleno de tabúes y destinado a ocurrir en el marco del matrimonio, con el fin exclusivo de la reproducción (1, 2, 3, 4). Esta represión sexual a nivel social colonizó las conciencias de millones de personas, que **ni siquiera estaban a salvo de la culpa en la privacidad de sus cerebros**. El «no consentirás pensamientos ni deseos impuros» se convirtió en el mayor obstáculo en el disfrute de la sexualidad propia y ajena. La desnudez, la excitación, el placer sexual o la masturbación **fueron tabúes e incluso conceptos temidos ante la imposición de una moral religiosa**.

Cabe destacar que la represión sobre el mundo sexual fue especialmente contundente **en el caso de la mujer**, para la cual el acto sexual estaba destinado a la fecundación (3, 4). No era así necesariamente en el caso de los hombres, estando normalizada **su asistencia a prostíbulos** en los que desfogar sus instintos más primarios. Conciencia y moral, sí, pero no para todos, **ni de la misma manera**.

Con el fin del franquismo en 1975, y bebiendo de movimientos que recorrían el mundo reivindicando una vivencia libre de la sexualidad, **llegó a España una auténtica revolución sexual**. Encabezada por sectores feministas y progresistas, se trajeron a la palestra temas como el disfrute del sexo, la libertad de orientaciones sexuales o el uso de anticonceptivos. Un universo, hasta entonces escondido, **comenzaba a abrirse ante millones de personas**. De todas estas, algunas tuvieron el placer (nunca mejor dicho) o, tal vez, el privilegio de atreverse a explorar su sexualidad, al principio poco a poco. En otras tantas, la fuerte autocensura de la propia sexualidad heredada de la religión hizo que esta revolución sexual **fuese percibida como una amenaza**. En estos dos grupos se encuentran muchas de nuestras abuelas y de nuestras madres.

En parte gracias a la revolución sexual que comenzó en los países occidentales en la segunda mitad del siglo XX, hoy en día el sexo y la sexualidad son temas más normalizados en la sociedad. **¡Ojo!** Que hablemos con más facilidad de sexo no quiere decir que hablemos bien, de manera adecuada y basándonos en evidencias científicas. Simplemente significa que viejos tabúes e ideas preconcebidas se han ido modificando, evolucionando. Sin embargo, esto no quiere decir que estas ideas hayan sido sustituidas necesariamente por otras mejores o más acertadas.

Es importante que entendamos que **existen residuos de esta invisibilización y represión del mundo sexual** que pueden influir en nuestra vivencia actual de la sexualidad. La falta de educación sexual que han vivido la mayoría de nuestras madres ha llevado a que la juventud haya tenido que descubrir distintos aspectos de su cuerpo y sexualidad de manera totalmente autónoma, a ciegas. En la mayoría de los casos, la educación sexual **ha quedado en manos de lo que algún desconocido**, con o sin formación, quisiese compartir en internet. La pornografía, en la misma línea, ha sido y es actualmente la principal forma de educación sexual que reciben los jóvenes.

Algunos afortunados, **por llamarnos de algún modo,** recibimos alguna sesión magistral por parte de alguna asociación en la que, en 45 minutos, aprendimos a poner un preservativo a un pene de porexpán (o a un plátano, en su defecto) y en la que se nos habló de todas las posibles infecciones de transmisión sexual (ITS) que podríamos contraer al tener sexo. Agradezco desde aquí, no obstante, a las personas que impartieron ese tipo de talleres, que, aunque deficitarios, **fueron el único acercamiento a la sexualidad realizado en la enseñanza pública durante esas décadas**.

Sin embargo, si te digo la verdad, el plátano enfundado en un condón siempre se me quedó corto y el temor por las ITS no consiguió nublar mi curiosidad. Ante semejante panorama, llámame loco, yo siempre sentía que me faltaba algo.

> **¿Dónde quedaba la excitación?**
> **¿Por qué nadie habla del placer?**
> **¿Dónde está la comunicación?**
> **¿Por qué los ejemplos solo hablan de sexo entre hombres y mujeres?**
> **¿Y la diversidad sexoafectiva?**

Cuando comencé a leer acerca de sexualidad, **intenté deconstruirme y aprender**. Lo primero, como siempre, fue intentar localizar las lagunas, múltiples, y, sobre todo, **mis intereses**. ¿Dónde estoy más perdido? ¿Qué dudas tengo? ¿Acerca de qué me gustaría saber? Recurrí, como tantas otras veces, a la ciencia para responder a mis preguntas. Un día, en plena clase de Neuropsicología del grado de Psicología, se me encendió una bombilla. En ese preciso momento me di cuenta de que nunca nadie me había hablado del cerebro y la sexualidad. Así que comencé a buscar. Y solo vinieron más dudas.

¿Cómo viven mi cuerpo y mi cerebro la excitación sexual? ¿Qué le pasa a mi cerebro cuando tengo un orgasmo? ¿Y cuando no lo tengo? ¿Se encuentra mi orientación sexual en mi cerebro?

La respuesta sexual humana

El sexo es un mundo. Bueno, mejor dicho, es un universo. **O, incluso, varios universos.** Por ello, podemos estudiarlo desde diferentes perspectivas y diciplinas, como la biológica, médica, psicológica, antropológica e incluso filosófica, entre otras. Ninguna de estas perspectivas es suficiente para explicar todo lo que comprende el sexo y la sexualidad, **sino que todas son necesarias y deben ser tenidas en cuenta.**

En este libro vamos a centrarnos en **la visión neurocientífica del sexo**, la cual se dedica al estudio del papel del sistema nervioso en diferentes aspectos de la respuesta sexual humana. Aunque esta vaya a ser la aproximación dominante en las próximas páginas, debemos tener en cuenta que, como toda conducta, el sexo no es solo biología, sino que todos los aspectos de nuestra sexualidad se asientan sobre **una interacción compleja entre biología y cultura**.

Entonces... la primera pregunta es **¿cuál es el papel del cerebro en el sexo?**

Para responder a esta cuestión tenemos que entender antes en qué consiste nuestra respuesta sexual. En primer lugar, hay que aclarar que la respuesta sexual es el ciclo del funcionamiento de nuestro cuerpo durante el sexo, **incluyendo cambios fisiológicos y percepciones subjetivas** (5). Para que nos entendamos, la respuesta sexual humana incluye el comienzo de la excitación y el camino que recorremos desde ella hasta que sentimos placer. **Ya te aviso de que es un camino con curvas**, pero apasionante.

Para conocer cómo funciona nuestro cuerpo en el sexo es superútil **distinguir las diferentes etapas de nuestra respuesta sexual** y conceptos que pueden estar relacionados. Aunque existen diferentes propuestas acerca de la respuesta sexual humana, en general entendemos que esta respuesta ocurre en fases, cuya duración y orden varían en función de múltiples factores (5, 6).

1. **Deseo sexual.** Es la motivación y disposición para iniciar una conducta sexual, ya sea solitaria o acompañada. Haría referencia a algo así como una excitación psicológica, en la que anticipamos que se viene algo que puede interesarnos: el placer sexual. Esta fase incluye tanto las ganas de iniciar el contacto como pensamientos, fantasías, etc.

2. **Excitación.** Incluye los cambios fisiológicos que preparan al cuerpo para la actividad sexual. Por ejemplo, erección del pene y del clítoris, o el inicio de la lubricación. Con la excitación sexual aumentan nuestras tasas respiratoria y cardiaca, así como nuestra presión arterial. En este punto nos ruborizamos, respiramos con mayor rapidez y comenzamos a experimentar sensaciones subjetivas de excitación sexual.

3. **Meseta.** En caso de que la excitación se mantenga por vía de la estimulación (ya sea física o mental) nos encontraremos en un periodo en el que los cambios fisiológicos se mantendrán durante un determinado periodo de tiempo. A este periodo estable de excitación sexual lo conocemos como meseta y, en él, la excitación fisiológica y la experiencia subjetiva de placer se mantienen relativamente estables, pudiéndose experimentar subidas y bajadas. Digamos que es como una montaña rusa, pero sin muchísimos *loopings*.

4. **Orgasmo.** Se trata del culmen de la excitación sexual tras el periodo de meseta. Es el *boom*. Suele consistir en la contracción de los músculos de la zona pélvica y genital, así como en una sensación de placer muy intenso y transitorio.

¡IMPORTANTE! Aunque pueden ir acompañados, el orgasmo no equivale a la eyaculación. Del mismo modo, aunque tradicionalmente entendemos que se experimenta un único orgasmo por actividad sexual, no es siempre así. Esto es especialmente cierto en el caso de las mujeres, que tienen una fuerte capacidad multiorgásmica.

---

5. Periodo refractario. Se trata de un lapso que transcurre después de la eyaculación, en el cual la excitación sexual disminuye. Necesitaremos que pase un tiempo para volver a experimentar los cambios fisiológicos de excitación sexual, como la erección.

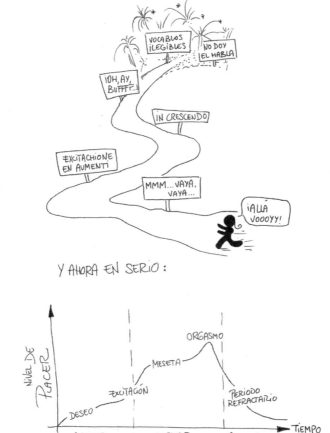

Ilustración basada en Georgiadis y Kringelbach (2012) (6).

Qué gustito ver todas estas fases tan ordenadas, ¿no?

OJITO con todo esto. Parece todo muy claro y bonito.

SPOILER: NO.

Estas fases se han descrito en modelos teóricos en base a los cambios fisiológicos y psicológicos que experimenta la mayor parte de la gente durante la actividad sexual. Sin embargo, **nuestros cuerpos no viven esta secuencia concreta de cambios siempre de la misma manera**, ni en el mismo orden, ni con la misma duración. Más bien, estas fases pueden Y SUELEN entremezclarse unas con otras en los diferentes contactos sexuales. Además, existen multitud de factores, desde nuestro estado de ánimo hasta el consumo de determinados fármacos, pasando por nuestras expectativas, que pueden afectar a este proceso.

Cada cuerpo es un mundo y, aunque podamos encontrar algunas tendencias generales, lo importante es conocer cómo funciona nuestro propio organismo. Y aquí no solamente entra en juego la diversidad de cuerpos, de experiencias previas o siquiera la diversidad de genitales. Aquí entra en juego el órgano fundamental de la sexualidad: **el cerebro**. Esa masa de células nerviosas de kilo y medio que está encerrada en tu cráneo juega un papel crucial en todas las fases de tu respuesta sexual (5, 6, 7, 8, 9).

La respuesta sexual en el cerebro

Nuestro sistema nervioso posibilita que nos relacionemos con nuestro ambiente. Es un mediador entre nosotros como organismo y **los estímulos que percibimos del entorno**. Por un lado, el cerebro permite la percepción de estímulos ambientales de naturaleza muy diversa. Por otro, del adecuado funcionamiento del cerebro depende la elaboración y ejecución de las respuestas que llevaremos a cabo ante estos estímulos. Entendiendo esto, no resulta sorprendente que nuestro amigo con curvas juegue un papel tan decisivo en nuestra respuesta sexual. A lo largo de la evolución, **la conducta sexual se ha consolidado como una de las más relevantes biológicamente de todas con las que contamos los seres vivos**, en tanto que es imprescindible para la reproducción y perpetuación de la especie.

PERO ESPERA. Antes de nada... ¿Cómo podemos saber qué está ocurriendo en el cerebro cuando nos estamos poniendo cachondos?

Para conocer la respuesta a esta pregunta, no solo necesitamos una máquina que nos permita ver a nuestro amigo dentro del cráneo. **Necesitaremos tres cosas más.** La primera, material audiovisual erótico que tenga una capacidad suficiente como para despertar el deseo y la excitación sexual. Segundo, necesitaremos personas dispuestas a ponerse *contentas* dentro de una máquina de neuroimagen. Por último, un instrumento que nos permita medir si realmente se está despertando algo, deseo o excitación, en nuestros participantes.

Percibo, luego deseo

Si queremos saber qué actividad de nuestro cerebro se corresponde con la vivencia de deseo sexual, tiene que quedarnos muy clarito que nuestra conducta sexual depende del **procesamiento de estímulos**, ya sean externos, procedentes de nuestro entorno, o internos, procedentes de nuestro cuerpo. Para ello, cada estímulo tiene que ser primero recibido por nuestros órganos de los sentidos. En función de la modalidad sensorial por la que recibamos el estímulo (vista, oído, gusto, olfato, tacto...), esta información se procesará inicialmente **en una región cerebral u otra**. A estas partes del cerebro encargadas de realizar este procesamiento inicial del estímulo las conocemos como **cortezas sensoriales primarias** y cada una de ellas está especializada en información de una naturaleza/modalidad sensorial diferente.

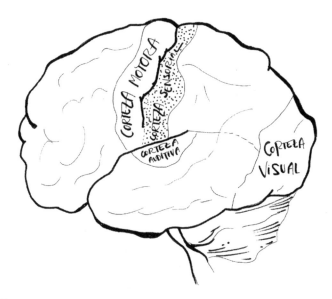

¡Pero veámoslo con ejemplos y ejercitando nuestra imaginación! Aquí te dejo que escojas tú los estímulos que más gustito te den, eres libre para ello.

En primer lugar, pongamos que estás viendo a una persona que te resulta extremadamente atractiva (Angelina Jolie, Brad Pitt, o tú misma, si es eso lo que quieres) o algo que, por algún motivo, a lo largo de tu historia has considerado como erótico de algún modo. Este estímulo **visual** se verá proyectado en tus retinas, donde será codificado en una secuencia de pulsos eléctricos que se transmitirán, a través de un complejo circuito neuronal, a la región posterior de tu cerebro, llamada

corteza occipital. En cambio, si el estímulo que estás percibiendo es **auditivo**, como una voz o un determinado sonido, este será recibido por las estructuras de tu oído y transmitido a través del nervio auditivo a la **corteza temporal** del cerebro, localizada en los laterales.

Cambiemos de sentido. Ahora imagínate unas caricias, **el tacto del cuerpo de otra persona** o un beso pasional en los labios. Nuestra piel está equipada con millones de estructuras celulares, a las que llamamos receptores, encargadas de detectar diferentes aspectos del contacto con estímulos y superficies. Existen muchos **tipos diferentes de receptores**, los cuales responden preferentemente ante determinadas temperaturas, presión, estímulos dolorosos, etc. Con el contacto de una parte de nuestro cuerpo con un estímulo, los miles de receptores esparcidos por esa región concreta se activarán ante las diferentes propiedades del estímulo. Esa información será convertida en estímulos eléctricos que viajarán a través de nuestros nervios hacia el cerebro. Esta información **somatosensorial** (así llamaremos a la información táctil, que incluye presión, temperatura y procesamiento del propio cuerpo) se procesa en una zona de nuestro cerebro **conocida como el giro poscentral**, parte del lóbulo parietal del cerebro, y que recibe el nombre de **corteza somatosensorial** primaria.

La mayor parte de las investigaciones han utilizado estímulos de estas modalidades sensoriales para inducir el deseo sexual, siendo los estímulos visuales los más utilizados (6, 7, 8). ¿Y el **gusto** y el **olfato**? El papel de estos sentidos en la iniciación del deseo sexual **está mucho menos estudiado**. En el caso del olfato, se ha propuesto que las feromonas, unas sustancias químicas segregadas por algunos animales destinadas a modificar la conducta de otros de su misma especie, juegan un papel importante **en la atracción y el deseo sexual**. La influencia de las feromonas en el comportamiento animal, a través de sus acciones en una estructura llamada órgano vomeronasal, **está bastante estudiada**. Sin embargo, en humanos, la existencia de este órgano continúa siendo un debate en la actualidad y la influencia de las feromonas en su conducta sexual no está demostrada (10). ¡Ojo! Esto **no quiere decir que el olfato no pueda jugar un papel importante en nuestro deseo sexual**. En tanto que nuestra historia de aprendizaje influye en los estímulos que despiertan nuestro deseo, cabe pensar que determinados olores, esencias y sabores, como algunas colonias, tengan el potencial de inducirnos deseo sexual. **Yo te confieso que A MÍ ESTO ME PASA.**

Por último, el deseo sexual puede despertarse con la propia **imaginación**. Sí, ¿sabes todas esas películas que te montas y por las que podrían darte un Óscar? Pues puedes montarte algunas en las que disfrutes con el mismo productor ejecutivo y ayudante de dirección: **la corteza frontal**, en la parte anterior del cerebro. Esta es la más reciente evolutivamente y se encuentra especialmente desarrollada en la especie humana, **posibilitando habilidades cognitivas complejas**.

En definitiva, todas las vías sensoriales tienen el potencial de despertar nuestra respuesta sexual (6). Pero... **¡OJO!** Hasta aquí hemos hablado de la percepción del estímulo y de cómo esto se refleja en el cerebro. La activación en estas regiones sensoriales primarias refleja el procesamiento más básico del estímulo (su forma, color, frecuencia, tono, temperatura...) en función de su naturaleza, pero no el deseo en sí. Para eso, necesitamos avanzar un poquito más para ver cómo una percepción despierta el deseo. **Y aquí es donde empieza la marcha.**

La red cerebral del deseo sexual

Lo que hemos comentado es una breve explicación de cómo ocurre la percepción de estímulos de diferente naturaleza, sin hacer referencia al deseo, excitación o placer. Pero ¿qué es lo que hace que un estímulo sea erótico? ¿Cuáles son las regiones cerebrales encargadas de procesar ese erotismo y convertirlo en deseo? **¿Existe un centro cerebral del deseo sexual?**

Es importante hablar aquí de las **redes cerebrales**.

En las últimas décadas, el avance de las técnicas de neuroimagen ha permitido el desarrollo de lo que conocemos como ***network approach***, una aproximación que entiende que nuestro cerebro funciona organizado en redes. Una red cerebral es un conjunto de regiones cerebrales que se activan y desactivan de manera conjunta ante la realización de una determinada tarea, y que, juntas, **posibilitan funciones cognitivas específicas** (11). Este enfoque propone que diferentes zonas del cerebro se coordinan para procesar diferentes aspectos de la realidad.

En los seres humanos se han descrito diferentes tipos de redes cerebrales asociadas a diferentes procesos cognitivos, **como las redes atencionales**, que se activan y desactivan en tareas que requieren de nuestra atención (11, 12). Otro ejemplo es el de la red formada por regiones cerebrales que se activan conjuntamente cuando no estamos haciendo ninguna tarea cognitiva. **O SEA, FLIPA.** Incluso cuando crees que no estás haciendo nada, o cuando te quedas mirando a la nada pensando en todo, **se está activando una red cerebral específica**. Esta red recibe el nombre de red neuronal por defecto (RND) y se desactiva de golpe cuando retomamos nuestra actividad cognitiva (13). Es importante conocerla porque se ha relacionado con procesos de imaginación y reflexión acerca de uno mismo, y su activación se ve comprometida en enfermedades como el alzhéimer.

Imagínate que estás en un festival **buscando a una amiga en medio de una multitud de gente, por ejemplo, en un concierto de Nathy Peluso.** Tú sabes cómo es tu amiga, su altura aproximada, sus rasgos físicos, que lleva una camiseta blanca y un collar de flores... Tu cerebro va a servirse de esta información para que **detectes fácilmente los estímulos más parecidos a tu amiga, ignorando otros que no comparten sus características físicas.** Todo para que puedas reunirte con tu colega y podáis perrear a gusto. Esto lo posibilita una red cerebral concreta que conocemos como la **red frontoparietal dorsal** (RFD), porque recluta estructuras de la zona parietal de tu cerebro (12).

Sin embargo, también sabemos que nuestra atención puede ser **capturada de manera inmediata por estímulos relevantes** del entorno como un ruido fuerte o una luz. De repente, dos focos se mueven rápidamente para alumbrar a Nathy Peluso, que acaba de entrar en escena. Al mismo tiempo, suenan las primeras notas de Mafiosa. Efectivamente, por unos segundos (o minutos, lo que tú prefieras), tu atención se ha desviado de la búsqueda de tu amiga, gracias a la integridad de otra red cerebral diferente: la **red frontoparietal ventral** (RFV) (12). Si finalmente decides continuar para encontrar a tu amiga, o quedarte a bailar rodeada de desconocidos, ya no es cosa de las redes frontoparietales dorsal o ventral.

Este ejemplo nos sirve para ilustrar que, en contextos del día a día, nuestra atención se ve capturada por estímulos novedosos aun cuando estamos muy concentrados. Por supuesto, se trata de un mecanismo que probablemente nos ha ayudado a sobrevivir en el pasado y que tiene lugar gracias a la alternancia entre dos redes atencionales.

¿Y por qué te hablo yo de redes cerebrales cuando tú quieres saber de sexo?

Pues porque las noticias nos han acostumbrado a oír hablar acerca del «centro cerebral de X», del «gen de Y», «del núcleo de la Z»... Y el funcionamiento del cerebro es mucho más complejo. Sí, de acuerdo, **en el cerebro hay una especialización**. Diferentes regiones procesan preferentemente determinados tipos de información y estímulos. Pero el cerebro funciona en conjunto. **Y, en el sexo, no va a ser menos.**

En lo que respecta al deseo sexual, durante mucho tiempo se habló de la importancia del sistema límbico, un conjunto de estructuras evolutivamente antiguas que se encuentra en las profundidades del cerebro. Entre otras cosas, **estas estructuras participan en el procesamiento de las emociones**. Seguro que en más de una ocasión has oído hablar de la amígdala y el miedo, el hipocampo y la memoria o del famoso núcleo accumbens, la dopamina y la recompensa.

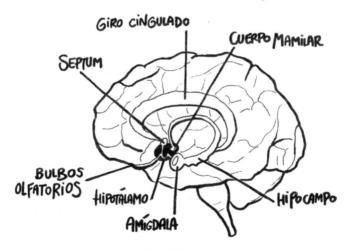

Representación del sistema límbico.

El núcleo accumbens ha sido una de las estructuras que más atención ha recibido por parte de las investigadoras, profesionales clínicas e
incluso a nivel mediático. Esta región forma parte del sistema límbico y
de unas estructuras cerebrales conocidas como **los ganglios basales**.
El núcleo accumbens recibe información de una estructura conocida
como el área tegmental ventral, **una de las principales fuentes de
dopamina de nuestro cerebro** (14).

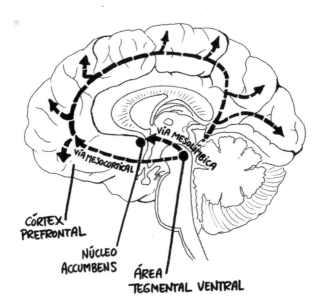

La dopamina es un **neurotransmisor**, una sustancia química
que utilizan las neuronas para comunicarse entre ellas. El interés en
este núcleo proviene de su papel fundamental en los mecanismos de
recompensa de nuestro cerebro (15), lo que hace que sea especialmente
importante en procesos de aprendizaje y, por ejemplo, de adicciones,

en los que participan diferentes estímulos reforzadores (16, 17). Si a una conducta le sucede algo reforzador (un premio, por ejemplo, o una sensación placentera), esta conducta tenderá a permanecer en mi repertorio, mientras que, **si de manera consistente le sucede un castigo**, esta conducta tenderá a desaparecer. El núcleo accumbens juega un papel clave en la anticipación de recompensas y, junto con otras estructuras, participa en procesos de toma de decisiones y otras funciones cognitivas complejas (18). ¡Ojo! El NA participa en el querer, **no en el gustar**, es decir, no en la sensación de gustirrinín una vez que la recompensa aparece, sino en su anticipación (15, 17). No es de extrañar, por tanto, que se haya propuesto un papel principal del núcleo accumbens en **el deseo sexual**, en tanto que este consiste en la anticipación de un estímulo sexual o erótico al que le seguirán sensaciones placenteras (6, 9).

Actualmente existen indicios de que, sí, la dopamina y el núcleo accumbens **participan de manera importante en el deseo sexual**. PERO no son las únicas estructuras ni de ellas depende la experiencia completa de la respuesta sexual humana. En lo que respecta al deseo sexual, las últimas investigaciones en neuroimagen apuntan a la existencia de una red cerebral asociada a la percepción de estímulos eróticos y cuya activación es proporcional a la intensidad del deseo indicada por los participantes. Así, actualmente se habla de una **red cerebral del deseo sexual** (*Sex Desire Brain Network*, SDBN, en inglés) (19, 20, 21).

Tengo que decirte que me quedé flipando la primera vez que leí que diferentes investigadoras coincidían en el conjunto de regiones que se activan con el deseo sexual. Pero, aunque los estudios de resonancia magnética funcional solían señalar determinadas áreas cerebrales, no fue hasta 2012, de la mano de investigadoras francesas y canadienses (17), que los resultados de estas investigaciones fueron sujetos a una prueba de fuego: **el metaanálisis**.

El metaanálisis es uno de los métodos más relevantes en ciencia, ya que permite **analizar estadísticamente** los resultados de múltiples estudios realizados en un tema concreto permitiéndonos evaluar la fiabilidad de los resultados y conocer si existen sesgos en las investigaciones. Entre otros resultados, el metaanálisis de Stoléru y colegas en 2012 concluyó que existe un conjunto de regiones cerebrales que se activan de manera consistente cuando percibimos estímulos que despiertan nuestro deseo sexual (17). Además, las investigadoras propusieron un modelo en el que distinguen hasta **cuatro componentes** del deseo sexual: cognitivo, motivacional, emocional y autonómico. El componente cognitivo hace referencia a la evaluación de los estímulos como eróticos o no eróticos, mientras que los componentes motivacionales y emocionales comprenden los aspectos de recompensa y bienestar asociados al deseo. Por último, el componente autonómico regula las respuestas físicas que llevarán a la excitación, como las respuestas cardiovasculares, respiratorias y genitales. En definitiva, los resultados de esta investigación nos sugieren que el **deseo sexual no es un único constructo, sino que comprende diferentes procesos diferenciables**.

Revisiones posteriores de estudios que evaluaban la actividad cerebral ante la presentación de imágenes y vídeos de contenido sexual de diferentes grados de intensidad corroboraron los resultados del estudio anterior, obteniendo una confirmación de la existencia de esta red cerebral del deseo sexual (19, 20).

AMOR Y DESEO

¡Por cierto! Aquí no vamos a hablar de amor, **porque no nos daría la vida**. Pero sí puede que te resulte interesante saber que las investigadoras del estudio anterior en realidad estaban interesadas en conocer las diferencias y similitudes a nivel cerebral entre el amor y el deseo sexual. Por ello, además de los estudios de neuroimagen y deseo sexual, incorporaron otros tantos en los que se realizaban análisis de neuroimagen funcional a participantes a los que se les presentaba material visual protagonizado por sus seres queridos (fotos, vídeos y otro tipo de referencias). Las investigadoras encontraron que el deseo sexual y el amor reclutan un conjunto común de áreas cerebrales implicadas en el procesamiento del propio cuerpo, la anticipación de recompensas y la cognición social. Es decir, amor y deseo **comparten mucho en el cerebro**. Sin embargo, observaron que la reacción de amor en el cerebro comprendía más áreas cerebrales que las del deseo, **específicamente otras relacionadas con la formación de hábitos**. Además, encontraron una diferencia muy concreta en una estructura profunda del cerebro, conocida como la **ínsula**. Las investigadoras descubrieron que, mientras que el deseo se relacionaba de manera consistente con la parte posterior de la ínsula, la parte anterior mostraba asociaciones con **la reacción de amor**. Es interesante destacar que estudios anteriores han mostrado que la parte posterior está involucrada en **representaciones de experiencias concretas**, mientras que la anterior parece jugar un papel más importante en **representaciones de**

emociones y vivencias abstractas. Así, las investigadoras interpretaron que este patrón posterior-anterior del deseo al amor podría indicar que **el amor se construye en el cerebro sobre una base de deseo**, y que se traduce en **una representación abstracta de las experiencias sensoriomotoras placenteras que caracterizan al deseo sexual**.

El orgasmo en el cerebro

Hasta ahora hemos hablado de deseo y de excitación. Pero sabemos que es probable que, si continuamos por ese camino, alcancemos lo que se conoce tradicionalmente como **el orgasmo**.

La palabra *orgasmo* proviene del griego ὀργάω, que significa «hinchazón, plenitud». El orgasmo es esa fase de la respuesta sexual caracterizada por una experiencia de placer muy intenso, frecuentemente acompañada de la **contracción rítmica de los músculos de la zona genital**.

Para estudiar lo que ocurre en el cerebro cuando tenemos un orgasmo, las investigadoras han tenido que ir un paso más allá. Ya no sirve con enseñarles a nuestras participantes fotografías y vídeos eróticos para que experimenten deseo y excitación. Ahora necesitamos **hacer lo posible para que las participantes alcancen el clímax**.

WAIT.

Nacho, **¿estás insinuando que necesitamos que los participantes tengan un orgasmo?**

Pues sí. Y no solamente eso. Necesitamos que lo tengan dentro de una máquina de resonancia magnética. Si nunca has tenido la oportunidad de ver una máquina de resonancia, solamente te diré que es un aparato muy grande y, sobre todo, muy ruidoso. Tiene una apertura por la que los técnicos del aparato te meterán, tumbada, y quedarás en un espacio superpequeño y un tanto claustrofóbico. Ah, por si esto fuera poco, el técnico dirá unas palabras mágicas que marcan a todo aquel que se introduce en el escáner: **«No puedes moverte, intenta estar lo más quieto posible»**.

Señor, realmente es usted muy gracioso. **Un cachondo de la vida.**

Bueno, cachondos y cachondas necesitan los investigadores que se pongan sus participantes. Bueno, **y tan cachondos**. Como que deben tener un orgasmo. Para ello, cuentan con sus parejas, que estarán fuera de la máquina de resonancia... Ya puedes imaginarte haciendo qué. Bueno, si no te lo imaginas, te lo explico yo. Básicamente, las parejas deben masturbar a la persona que se encuentra **dentro de la máquina de resonancia**, aunque, en algunos estudios, la estimulación la realiza el propio participante.

Mira, **yo no te voy a negar que esto puede parecer un poco turbio**. La primera vez que leí acerca de estas investigaciones entré en Google para ver la cara de las investigadoras que habían realizado este tipo de estudios. **¿A quién se le ocurre esto?**, pensé en repetidas ocasiones. **¿QUÉ CLASE DE MENTE IDEA ESTA CLASE DE ESTUDIOS?** La respuesta, muy sencilla, llegó rápidamente:

Aquella que quiere estudiar qué pasa en nuestro cerebro **cuando tenemos un orgasmo**.

En ese momento me di cuenta de que yo, en mi intento de deconstrucción, seguía sosteniendo bastantes tabúes e, incluso, prejuicios acerca del estudio de la sexualidad. Y, hablando de esto, ¿qué piensas tú? **¿Aceptarías participar en algún estudio similar?**

Aquí te dejo la duda, pero, por lo pronto, vamos a ver qué es lo que ocurre en el cerebro en el **momento culmen de la excitación sexual**: el orgasmo.

A pesar de que existen multitud de estudios que arrojan conocimiento consistente sobre las bases del deseo y la excitación sexual, lo cierto es que, por diferentes razones, no sabemos mucho acerca de los **correlatos cerebrales del orgasmo**. La primera razón es que existen pocos estudios que hayan investigado este tema. La segunda es que hay mucha variabilidad en la metodología de estos estudios. Es decir, diferencias entre ellos en la técnica de neuroimagen utilizada, la manera en la que se lleva a cabo el experimento, los análisis estadísticos... En tercer lugar, tenemos una limitación muy importante: **el movimiento**. ¿Recuerdas que antes te comenté que el técnico de la máquina de resonancia te pedirá que estés muy quieta? Esto se debe a que incluso pequeños movimientos dentro del escáner pueden alterar la imagen que finalmente obtendremos del cerebro, por lo que el movimiento se considera una de las principales limitaciones de este tipo de estudios. Como podrás imaginar, puede ser algo complicado tener un orgasmo y que nuestra cabeza **permanezca totalmente quieta dentro del escáner**.

Existe un último problema muy relevante al que ha enfrentado la investigación neurocientífica en el campo del orgasmo. Y es que **cada persona precisa un tiempo variable de estimulación antes de alcanzar el orgasmo**. Si esto puede suponer algún problemilla dentro de las relaciones sexuales, imagínate lo que supone para las investigaciones, en las que el control sobre el mayor número posible de variables debe estar asegurado.

Hasta donde conocemos, solo una investigación publicada en 2017 en la revista científica *The Journal of Sexual Medicine* ha tenido en cuenta estas limitaciones en el estudio del orgasmo en el cerebro. Los resultados de esta investigación liderada por la psicóloga y neurocientífica Nan J. Wise revelaron que la activación de un gran número de regiones de nuestro cerebro **aumenta gradualmente a medida que nos excitamos**, alcanzando un pico máximo durante el orgasmo (22). Tras este, la activación de la mayoría de estas regiones disminuye drásticamente. Para que te hagas una idea, es como si esas regiones cerebrales llegasen a un éxtasis de actividad en el momento del clímax **y se apagasen rápidamente tras él**.

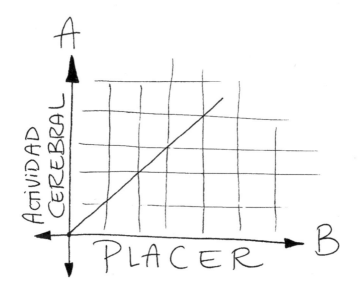

Entre las estructuras cerebrales que muestran un pico de actividad intensa durante el orgasmo, encontramos el núcleo accumbens, la ínsula, el giro angular derecho, el cerebelo, el hipocampo y la amígdala. **CUÁNTOS NOMBRES, MADRE MÍA.** ¡No te preocupes! Vamos a ver con calma por qué es importante conocer algunas de estas estructuras.

Como mencionamos previamente, el núcleo accumbens es una estructura crítica en el procesamiento de la recompensa, **siendo un núcleo que recibe un chorrazo de dopamina desde estructuras profundas del cerebro**. Por tanto, no es extraño que una experiencia tan placentera como el orgasmo vaya acompañada de una activación impresionante de este núcleo. Por su parte, la ínsula, también mencionada anteriormente, está implicada, entre otras funciones, en el procesamiento del propio cuerpo. Pero aquí quiero prestar especial atención a otras dos estructuras: el giro angular y la amígdala.

El giro angular es una **pequeña porción del lóbulo parietal** que participa en funciones cognitivas como el lenguaje, la atención, la memoria y el procesamiento numérico. Además, **se ha propuesto que el giro angular está implicado en las experiencias extra-corporales**, en las que podemos llegar a percibir que estamos despla-zados de nuestro cuerpo físico, o incluso a percibirnos desde fuera de él (23, 24). Curiosamente, la vivencia del orgasmo se ha definido como **un estado alterado de consciencia**, llegando a ser considerado como una suerte de estado de trance (25).

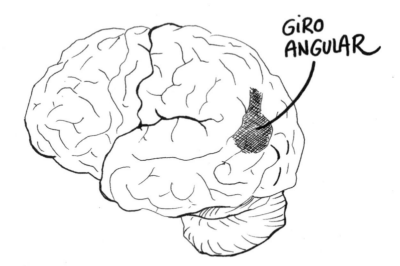

Por otra parte, la amígdala es una estructura con forma de almen-dra que forma **parte del sistema límbico**. Si recuerdas la red cere-bral del deseo sexual, recordarás que el sistema límbico participa en el procesamiento de las emociones y en funciones cognitivas como la memoria. En concreto, **la amígdala se ha relacionado frecuentemente con el procesamiento del miedo** y la amenaza, jugando un papel fundamental en la respuesta de estrés. Sin embargo, ahora también sabemos que la amígdala **participa en la respuesta sexual humana** y que muestra una gran activación durante el orgasmo. Curiosamente, una de las pistas de que la amígdala está involucrada en la experiencia del orgasmo nos las han dado algunos estudios en pacientes con epilepsia.

Pues bien, algunos pacientes con un tipo concreto de epilepsia (epilepsia temporal mesial), en la que el que el foco epiléptico se encuentra cerca de la amígdala, refieren lo que se denomina *aura orgásmica*. **Sí, es lo que te imaginas.** Estos pacientes experimentan orgasmos antes de sus crisis epilépticas. Además, algunos estudios muestran que la estimulación eléctrica de la amígdala derecha es capaz de inducir estas sensaciones orgásmicas (26, 27), lo que señala de nuevo a esta estructura como **una participante relevante en la experiencia del orgasmo.**

Estudios anteriores al de Wise encontraban que algunas zonas del cerebro, **como la corteza frontal**, se apagaban durante el orgasmo (28). Entre otras funciones, esta corteza participa en procesos de control emocional, por lo que su desactivación con el orgasmo fue interpretada como algo así como «soltar un freno» de control ante el placer. Sin embargo, la investigación de Wise, con un control más riguroso, no encuentra que ninguna región se desactive con el orgasmo, lo que nos indica que todavía hace falta mucha investigación para conocer **qué ocurre exactamente en nuestro cerebro en el orgasmo.**

Comprender la neurociencia de la conducta sexual humana no solo nos **ayuda a entender cómo procesa el sexo el cerebro**, sino que puede darnos pistas acerca de lo que podría ocurrir en diferentes disfunciones sexuales que causan malestar a las personas que las sufren, como la disfunción eréctil (29, 30) y el trastorno del deseo sexual hipoactivo, un cuadro caracterizado por la ausencia completa de deseo, excitación y fantasías sexuales que afecta a la vida de la persona (19).

¿Diferencias de género en el sexo?

¿Procesan los cerebros de hombres y mujeres la excitación sexual de manera diferente? **¿Y los cerebros de personas heterosexuales, homosexuales y bisexuales?**

Los primeros estudios de neuroimagen realizados en este campo inicialmente sugerían la existencia de diferencias de sexo en determinadas estructuras cerebrales implicadas en la excitación sexual. Sin embargo, gran parte de los estudios sufrían de limitaciones importantes, como muestras muy reducidas **o variables relevantes que nunca fueron consideradas**. Incluso los metaanálisis sufrían de limitaciones importantes, como mezclar estudios con estimulaciones radicalmente diferentes (31). Lo cierto es que estos estudios han sido ampliamente criticados y **llevados a revisión por diferentes investigadoras en los últimos años**.

Partiendo de que se trata de un tema complejo y en el que se necesita más investigación, algunos estudios recientes **más controlados** nos permiten conocer un poco más acerca de las diferencias entre hombres y mujeres en lo que respecta al procesamiento cerebral de la excitación sexual. Este fue el objetivo de un metaanálisis realizado en 2019, en el que se pretendía estudiar si existen diferencias en los circuitos neuronales activados por estímulos sexuales visuales en 1.850 hombres y mujeres de diferentes orientaciones sexuales (32). Los resultados no solo revelaron que **no existían diferencias de sexo en los circuitos cerebrales de excitación sexual**, sino que el **sexo biológico era la variable** que menos predecía los cambios que se observan en el cerebro con la presentación de estímulos sexuales.

EN CRISTIANO: no parece haber diferencias en cómo el cerebro de hombres y mujeres procesa la excitación sexual. **¡OJO!** No quiere decir que no las haya, sino que, con lo que sabemos actualmente, no podemos afirmarlo.

¿Y con respecto a la orientación sexual? ¿Existen diferencias entre los cerebros de personas heterosexuales, homosexuales y bisexuales en el procesamiento de la excitación sexual?

Si, en general, en neurociencia debemos ser muy cautelosos con lo que afirmamos, en el campo de las orientaciones sexuales y el cerebro debemos serlo aún más. **Sabemos muy poco acerca de este tema** y, de hecho, la mayor parte de los estudios acerca de la excitación sexual en humanos se ha realizado con muestras heterosexuales. Qué sorpresa. Rarísimo. Inexplicable. **¿No crees?**

No sé a ti, pero a mí sí me parece relevante saber si existen **diferencias entre las orientaciones sexuales** respecto a cómo el cerebro procesa la excitación y el placer. En esta línea, he de confesarte que solo he encontrado dos estudios que hayan investigado esta cuestión de manera directa. He decidido presentarlos aquí porque creo que es necesario destacar este tipo de investigaciones, desde mi punto de vista, tan importantes **como las que se realizan con participantes heterosexuales**.

En estas el procedimiento es similar al que hemos comentado anteriormente. Tenemos a grupos de participantes, hombres y mujeres, de diferentes orientaciones sexuales, dispuestos a ver una serie de imágenes y vídeos eróticos dentro de una máquina de resonancia. La idea es presentarles **material erótico protagonizado por una parte por personas de su mismo sexo** y, por otra, **del sexo opuesto**. El objetivo es sencillo: estudiar si la orientación sexual de una persona se traduce en respuestas cerebrales diferentes ante estímulos eróticos de diferentes sexos. Es decir, queremos saber si la activación de las áreas del cerebro implicadas en el deseo sexual **es específica de la orientación sexual de los participantes**.

¿Tú qué crees que ocurrirá?

Por ejemplo, ¿veremos la misma respuesta en el cerebro de una mujer lesbiana ante un vídeo erótico protagonizado por un hombre que ante uno protagonizado por una mujer?

En dos estudios realizados en 2016 y 2017, Safron y sus colegas encontraron que la respuesta del cerebro ante estímulos eróticos es específica de la orientación sexual de la persona, tanto en hombres como en mujeres (33, 34). **¿Qué quiere decir esto?** En primer lugar, que la activación cerebral ante estos estímulos eróticos es similar entre personas homosexuales y heterosexuales, ya sean hombres o mujeres. Lo que cambia es el estímulo ante el cual se produce esta activación. Es decir, las regiones activadas son las mismas en el hombre gay que en el hombre hetero, pero en el hombre gay solamente se dan ante imágenes eróticas de hombres, y no de mujeres, mientras que en el caso del hombre hetero ocurre lo inverso. **Y lo mismo corresponde a mujeres lesbianas y heterosexuales.**

OK, pero... ¿qué pasa con las personas bisexuales?

De acuerdo con estos estudios, tanto hombres como mujeres bisexuales muestran patrones mixtos de activación, pero con una diferencia entre sexos.

¿Cómo? ¿Pero qué dices, Nacho?

Según los resultados del estudio, el cerebro de los hombres bisexuales se activa de manera similar ante imágenes eróticas masculinas y femeninas, mientras que el de los hombres homosexuales se activa de manera específica ante estímulos eróticos y masculinos y no ante femeninos. Es decir, **el cerebro de los hombres bisexuales muestra menos diferenciación entre estímulos eróticos de hombres y de mujeres** que el de hombres heterosexuales y homosexuales.

Algo similar ocurre en el caso de las mujeres, aunque en este caso hay algo más llamativo. Mientras que el cerebro de las mujeres lesbianas se activa de manera muy específica ante estímulos eróticos de mujeres, y no de hombres, tanto las valoraciones subjetivas como la activación cerebral de mujeres bisexuales y heterosexuales era muy similar ante imágenes de mujeres y hombres. **¿Qué quiere decir esto?** Pues que el **cerebro de las mujeres que se identificaron como hetero-sexuales no respondía de manera exclusiva ante estímulos eróticos masculinos**, sino que también lo hacía ante los femeninos. Además, estas mujeres tampoco valoraron los estímulos eróticos mas-culinos o femeninos de manera significativamente distinta a mujeres bisexuales. Las conclusiones de esto no son sencillas de extraer y los autores no hacen demasiadas inferencias al respecto.

Sin hacer alarde de prudencia o pensamiento crítico, algunas vo-ces interpretaron los hallazgos anteriores como una evidencia de que **todas las mujeres son bisexuales**. Sin embargo, he de decirte que **esa conclusión no puede derivarse de estos resultados**. La investigadora Meredith Chivers (35) ha dedicado gran parte de su trabajo a desentrañar el misterio de que las mujeres heterosexuales muestren un patrón de excitación menos diferenciado que personas de otras orientaciones sexuales. Una de las sugerencias que plantea es que es posible que, **en mujeres heterosexuales**, elementos del contexto, así como diferencias individuales, tengan más peso en el procesamiento de los estímulos sexuales que el género que protagoni-ce el estímulo erótico. Es decir, la autora propone que el modelo de entender la atracción sexual puede ser **completamente distinto para estas mujeres** que para el resto de las identidades y orienta-ciones sexuales.

Aunque sea necesario replicar estos resultados, estos estudios nos indi-can **cómo es la actividad cerebral en personas monosexuales** (heterosexuales y homosexuales) y revelan un patrón de actividad cerebral distinto y característico en las personas bisexuales.

No me dirás que esto no es chulo. A mí, personalmente, me lo parece.

Ya que estamos, pues, entremos de lleno en la neurociencia del colectivo LGBTI.

CAPÍTULO 2

AQUÍ NACHO
Y SUS OTRAS
COSAS... ♥

DommcoBB

*Este capítulo se escribió escuchando compulsivamente
«Eduardo», de Travis Birds, y la discografía entera de Xoel
López y Rigoberta Bandini.*

NEUROCIENCIA Y COLECTIVO LGBTI

No concibo la ciencia sin el compromiso social, del mismo modo que no concibo el activismo sin estar complementado por una actitud científica. Creo que el mejor activismo es la educación y, por ello, quiero que aprendamos juntos algunos conceptos importantes para entender al colectivo LGBTI y **la neurociencia que lo acompaña**.

Los milenials estamos viviendo un momento único en la historia del activismo LGBTI (lesbianas, gais, bisexuales, trans e intersexuales). En las últimas décadas, la organización y movilización de los miembros del colectivo LGBTI ha llevado no solo a una mayor visibilización de sus necesidades, **sino también a la lucha por proteger su dignidad y derechos institucionalmente**. Las conquistas, fruto de intensas reivindicaciones, han sido muchas y variadas, como el derecho a la adopción, el matrimonio gay o las leyes de protección LGBTI desarrolladas en multitud de países. Sin embargo, no debemos pensar que está todo hecho.

El progreso es notable, sí, pero siempre hay espacio para la mejora, así como riesgo de retroceso. Los miembros del colectivo LGBTI todavía sufren discriminación y múltiples formas de violencia, sutil y deliberada, en su día a día. Actualmente, el auge de la ultraderecha en diferentes países, profiriendo discursos de odio contra el colectivo, hace más palpable que nunca el riesgo de retroceder en las conquistas progresistas. Del mismo modo, los actos homosexuales entre personas adultas siguen siendo criminalizados en multitud de países en todo el mundo (1).

- Tan solo **11 países en el mundo** cuentan con protección constitucional contra la discriminación por orientación sexual. Entre estos, se encuentran países como México, Portugal o Suecia.
- Hasta en 57 países la homosexualidad se encuentra **criminalizada con penas de entre 8 años de cárcel a cadena perpetua**. Entre estos países encontramos a Marruecos, Libia y Uganda, en los que, además, existen restricciones a la libertad de expresión y organización en temas sobre orientación sexual.
- Hasta en 11 países, la homosexualidad está **penada con pena de muerte**. Algunos ejemplos son Irán o Afganistán.

Es necesario que tengamos estos datos en cuenta para que nos hagamos una ligera idea de todo lo que queda por conseguir para garantizar la libertad de tantas personas en el mundo. En este camino: **reivindicación, educación y divulgación científica**.

Conceptos importantes para el colectivo LGBTI

Antes de meternos de lleno en la neurociencia del colectivo LGBTI, es necesario que aclaremos algunos conceptos que debemos conocer y saber diferenciar. Aquí os presento los más importantes (2):

• **Sexo.** Hace referencia a la condición de una persona **en función de sus características fisiológicas, masculinas, femeninas o intersexuales**. Un enfoque del sexo defiende que podemos analizarlo a diferentes niveles: cromosómico, hormonal y genital. Así, las personas pueden estar localizadas en puntos muy diferentes de cada una de estas dimensiones. **Tradicionalmente, el sexo de una persona ha estado marcado por sus cromosomas y genitales**, distinguiéndose primariamente dos sexos. Por un lado, personas con cromosomas XY, pene y testículos, se han considerado tradicionalmente como hombres. Por otro, se ha considerado a aquellas con cromosomas XX, vagina y ovarios, como mujeres. **Sin embargo, actualmente sabemos que el sexo no se trata de categorías estancas.** Una prueba de ello es la intersexualidad.

• **Intersexualidad.** Por diferentes cuestiones fisiológicas (que no comentaremos en profundidad en este libro), las personas intersexuales nacen con una **configuración cromosómica y anatómica** (gonadal o genital) que puede no encuadrarse en ninguna de las categorías tradicionales de hombre o mujer. Así, de acuerdo con Naciones Unidas, el término paraguas *intersex* incluye una amplia gama de variaciones naturales de los caracteres sexuales, rasgos que pueden ser visibles o no (3). En caso de serlo, los genitales de las personas intersex suelen ser catalogados como **patológicos y anormales** al no corresponderse con los cánones binarios acerca de cómo son los cuerpos **masculinos y femeninos**. Por esta razón, con mucha frecuencia las personas intersex son sometidas a **procedimientos médico-quirúrgicos**, normalmente irreversibles, destinados a que el aspecto de sus genitales se ajuste a la norma. En las últimas décadas, el colectivo de personas intersex ha denunciado activamente que gran parte de estas intervenciones tienen lugar durante la infancia, **sin el consentimiento pleno**, libre e informado de la persona, lo que constituye una vulneración de sus derechos a la integridad física. Teniendo en cuenta que la prevalencia estimada de la intersexualidad es de 0.05 %-1.7 % (por cierto, **similar al porcentaje de personas pelirrojas**), es necesario visibilizar las discriminaciones que sufre este colectivo, así como **defender sus derechos e intereses**, lo que pasa por una mayor formación en realidades intersex, tanto a nivel científico, como clínico y social.

• **Género.** Hace referencia a aspectos relacionados con la construcción social de la persona, incluyendo las funciones, comportamientos, atributos y actividades que la sociedad espera de ella. Así, encontramos a personas **muy masculinas y muy femeninas** si se adhieren en sus conductas a lo que la sociedad espera de sus sexos. Aunque en el pasado la masculinidad y la feminidad se entendían como polos opuestos de un mismo continuo, actualmente la visión más extendida es que constituyen **dos dimensiones independientes**. De este modo, una persona tiene, en mayor o menor medida, rasgos tanto masculinos como femeninos lo que supone una flexibilización del género más allá de las categorías binarias.

• **Identidad de género.** La *autopercepción*. La percepción psicológica interna de ser hombre, mujer, una mezcla de ambos o ninguno. La identidad de género de una persona puede coincidir con el sexo asignado al nacer (cisgénero) o diferir del mismo (transgénero). Tradicionalmente se ha utilizadoel término *transexual* para designar a personas que han atravesado algún proceso de modificación de su cuerpo para adaptarlo a las características del **sexo opuesto, lo cual no ocurriría en las personas transgénero**. Sin embargo, reivindicaciones sociales recientes proponen utilizar el término paraguas **trans**, que no hace distinción entre estos grupos. En este punto **es importante destacar la existencia de identidades fuera del binarismo hombre-mujer**, denominadas identidades **no binarias** (non-binary) y **genderqueer**, las cuales están recibiendo progresivamente más atención no solo a nivel social, sino también científico (4, 5, 6, 7).

- **Expresión de género.** El *cómo te muestras*. La manera en la que un individuo **expresa** su masculinidad, feminidad, ninguna o ambas a través de elementos constituyentes de su identidad, como su vestimenta, conducta y apariencia.

- **Orientación sexual.** En general, hace referencia al **patrón persistente de atracción relativa hacia un género**, ambos o ninguno. Como veremos a continuación, la orientación sexual tiene diferentes componentes y no es algo que pueda reducirse simplemente a un gusto o una preferencia sexual.

La orientación sexual

La orientación sexual es un tema apasionante, **pero... cómo decirlo...** Bueno, digamos que la orientación sexual es un tema **un tanto complicado de estudiar**, por diferentes razones.

Debemos tener en cuenta que, a pesar de los avances sociales, las personas pertenecientes a determinadas secciones de la diversidad sexoafectiva se enfrentan diariamente a diferentes formas de violencia. Y es que la reivindicación de derechos y visibilidad por parte del colectivo LGBTI es una cuestión política que ha chocado de lleno con valores ideológicos conservadores y religiosos imperantes en gran cantidad de países. Por estas razones, y por desgracia, la orientación sexual **continúa siendo un tema controvertido a nivel político**, donde se trata como algo debatible.

En este punto, la cuestión a atender es doble. Por un lado, el hecho de que la no heterosexualidad se considere políticamente controvertida, algo contra lo que, por otra parte, **debe lucharse a nivel social y político**, ha llevado a que sea **un tema infraestudiado**. Por otro lado, como en otros temas de interés social, se han utilizado **argumen-**

tos supuestamente basados en la ciencia para informar decisiones políticas acerca de legislaciones que afectan al colectivo LGBTI. Un ejemplo de ello lo vemos a continuación:

En Uganda, las relaciones homosexuales han sido penadas con **hasta 14 años de cárcel durante décadas**. A finales de 2010, presiones de grupos homófobos procedentes de Estados Unidos alentaron la propuesta de endurecimiento de las condenas por homosexualidad, lo que implicaba la inclusión de la pena de muerte. Estas reivindicaciones comprendían premisas basadas en estudios supuestamente científicos que demostraban que la **homosexualidad era una desviación peligrosa** y que, entre otras cosas, las personas no-heterosexuales trataban de reclutar a otras personas para convertirlas en homosexuales. Así, Yoweri Museveni, presidente de Uganda, se vio presionado para firmar el Acta Anti-Homosexualidad (también llamada la ley *Kill the Gay!*), lo que le llevó a solicitar evidencia científica relevante acerca de la homosexualidad. Desde su punto de vista, **las leyes anti-homosexualidad solo tendrían sentido, entre otras cuestiones, en el caso de que la orientación sexual fuese adquirida, y no innata**. Tras la presentación del informe elaborado por el Ministerio de Sanidad ugandés, Museveni aprobó la ley anti-homosexual en diciembre de 2013, en la que la pena de muerte fue sustituida por la cadena perpetua, debido a presiones internacionales. Esta ley fue derogada por el Tribunal Constitucional Ugandés en agosto de 2014 por irregularidades en la votación original. Recientemente, el Parlamento Europeo ha expresado sus preocupaciones por el aumento del discurso homófobo por parte de grupos políticos que amenazan con reintroducir la ley anti-homosexualidad (8).

¿Por qué he querido contarte esto?

El conflicto en Uganda es un ejemplo de situación en la que se ha apelado a una cuestión científica, **como el origen de las orientaciones sexuales**, a la hora de decidir si vulnerar o no los derechos humanos de más de 500.000 personas, arrebatándoles, en el mejor de los casos, la libertad, y, en el peor, la vida. La petición de Museveni movilizó a cientos de científicos dedicados al estudio de la sexualidad humana, los cuales se apresuraron a elaborar un manifiesto con la información más relevante acerca del estado de la ciencia de las orientaciones sexuales. Uno de los documentos más relevantes fue el informe elaborado por un grupo de científicos de universidades estadounidenses, canadienses y francesas, encabezados por el psicólogo Michel Bailey (9). **Este documento servirá de fuente para muchos conceptos de los que hablaremos en este capítulo.**

A continuación, descubriremos qué nos aporta la neurociencia al estudio de la diversidad sexoafectiva. En primer lugar, repasaremos brevemente cómo se estudian las orientaciones sexuales desde la ciencia, recalcando la dificultad del objeto de estudio y las controversias más relevantes al respecto. En segundo lugar, hablaremos de una pregunta que todavía está presente en muchos sectores de la sociedad: **¿la orientación sexual es innata o se adquiere?** Tras ello, discutiremos la evidencia acerca de si existe o no un cerebro gay, analizando las posibles implicaciones de esta cuestión y llegando a cuestionar si esta tiene siquiera sentido. Por último, hablaremos de las mal llamadas *terapias de conversión* para contestar a la pregunta de si la orientación sexual es modificable.

¡Allá vamos!

Las orientaciones sexuales y la ciencia

La orientación sexual hace referencia al objeto de nuestra atracción sexual, sea este un hombre, mujer, ambos o ninguno de los dos. Como la propia palabra *orientación* sugiere, se trata de **la dirección general que suele tomar nuestro deseo y atracción sexual.**

En general, se ha hablado de cuatro orientaciones sexuales:

- **Heterosexual:** atracción hacia personas del género opuesto.
- **Homosexual:** atracción hacia personas del mismo género.
- **Bisexual:** atracción hacia cualquier género.
- **Asexual:** falta de atracción hacia ninguno de los géneros.

Tradicionalmente, en investigación, se ha preferido la utilización de otros términos para hacer referencia a la orientación sexual. Estos términos son **androfílico**, referente a la atracción hacia hombres, y **ginecofílico**, relativo a la atracción hacia mujeres. Por ejemplo, hombres homosexuales y mujeres heterosexuales serían considerados androfílicos, mientras que hombres heterosexuales y mujeres homosexuales serían categorizados de ginecofílicos. Sin embargo, se ha propuesto que esta terminología puede tener limitaciones a la hora de capturar la diversidad sexoafectiva, **sobre todo en lo que respecta a la bisexualidad. Además, peca de basar la atracción sexual exclusivamente en la genitalidad.**

En cualquier caso, la orientación sexual es algo complejísimo y multifactorial, que comprende, al menos, cuatro fenómenos diferentes que, de hecho, pueden ser estudiados por separado:

- **Conducta sexual:** con quién sueles interactuar sexualmente. Como veremos, la conducta sexual de una persona no siempre refleja su orientación sexual.
- **Identidad sexual:** cómo te identificas. ¿Te identificas como heterosexual, homosexual, bisexual o asexual? Esta identidad es la que solamente puedes decirnos tú y, por diferentes motivos, no tiene por qué concordar con tu conducta sexual o con hacia quién sientes atracción. Se trata de tu valoración personal.
- **Atracción sexual:** el grado de atracción hacia los diferentes géneros. Se trata de hacia qué género, si hay alguno, proyectas tu deseo y motivación sexual.
- **Excitación sexual:** el grado en el que tu cuerpo responde fisio-

lógicamente al erotismo de un determinado género. Vamos, se trata de quién te pone el cuerpo contento.

Estos cuatro fenómenos frecuentemente van de la mano. Es decir, una persona homosexual, lesbiana o gay, además de identificarse como tal (*identidad sexual*), es probable que mantenga relaciones sexuales con personas de su mismo sexo *(conducta sexual)*, hacia las que experimenta *atracción* y *excitación fisiológica*. Sin embargo, no siempre ocurre esta armonía entre estos elementos. Por ejemplo, por razones diversas, una persona puede mantener su identidad heterosexual y mantener conductas homosexuales en **determinados contextos**. Y es que el **contexto sociocultural influye de manera decisiva en la expresión tanto de la identidad como de la conducta, atracción y excitación sexual**. Imagina, por ejemplo, una persona que se identifique como homosexual en un país en el que la homosexualidad está perseguida. Su atracción, excitación y, tal vez, su identidad irán de la mano, **pero su conducta sexual es probable que se vea reprimida y vaya en el sentido opuesto**.

Diferenciar estos cuatro elementos es clave para comprender cómo las orientaciones sexuales **se han estudiado desde la ciencia**. En ciencia es muy importante cuantificar nuestras variables para poder evaluar un determinado fenómeno y, para ello, debemos hacer las preguntas adecuadas. Por tanto, puedes imaginarte que **no es lo mismo preguntarle a una persona por el número de personas del mismo sexo con las que ha mantenido relaciones sexuales en el último año, que preguntarle por cómo se identifica**. Mientras que en el primer caso estaríamos infiriendo una orientación sexual basándonos en la *conducta sexual*, en el segundo estamos estableciéndola en base a la *identidad sexual*. Si, por el contrario, quisiésemos medir, por ejemplo, la excitación sexual, nos harían falta otro tipo de instrumentos que nos permitiesen ver qué le ocurre al cuerpo de esa persona **cuando le presentamos estímulos eróticos con distinto contenido**. En definitiva, en función del método que utilicemos, creyendo que estamos estudiando lo mismo, podríamos estar abordando constructos muy diferentes.

Lo importante de aquí es que entendamos que, a lo largo de las décadas, la investigación ha ido dando más o menos peso a diferentes elementos para estudiar **la orientación sexual**.

Y tal vez te estés preguntado... pero **¿cómo medimos entonces la orientación sexual de alguien?** ¿Acaso se puede? Pues las investigaciones se han aproximado a las orientaciones sexuales de sus participantes de maneras diversas:

• **Medidas de autoinforme.** Consiste en preguntar a la persona, a través de cuestionarios o escalas, **por su orientación sexual.** Actualmente se estima que existen más de 200 escalas para medir y describir la orientación sexual, cada una con sus respectivas fortalezas y limitaciones, fruto de la complejidad de capturar todos los aspectos de la orientación sexual. Es posible que la escala más conocida sea la **escala Kinsey**, que evalúa la identidad sexual pidiendo a la persona que se localice en un punto, de 0 a 6, desde exclusivamente heterosexual hasta exclusivamente homosexual, respectivamente, o como asexual. Existen otras herramientas que superan la escala Kinsey, añadiendo más matices y especificidad, ayudando a capturar más diversidad sexoafectiva, pero no las trataremos en este libro.

¡IMPORTANTE! Dentro de las medidas de autoinforme, preguntar por la *autoidentificación* se considera actualmente como la estrategia más ética y adecuada.

• **Medidas genitales.** Este tipo de medidas evalúan la excitación sexual, tal y como se manifiesta en los genitales, ante la presentación de **estímulos eróticos** protagonizados por personas de diferentes géneros. En el caso de los hombres, se ha utilizado una técnica llamada **pletismografía peneana**, en la que se coloca una banda alrededor del pene para medir los cambios de volumen del pene con la erección. Además de ser utilizada en investigación para registrar cambios objetivos en la excitación, también se utiliza en contextos clínicos para evaluar la disfunción eréctil. En el caso de las mujeres, la técnica más común es la **fotopletismografía**, que mide cambios en el flujo sanguíneo en la vagina. Hay que tener en cuenta que estas son medidas objetivas de la excitación sexual en una persona ante un estímulo erótico, pero, como veremos más tarde, de ellas no podemos derivar o determinar su orientación sexual

- **Otras medidas.** Aunque hayan sido menos utilizadas, existen otras medidas objetivas como el tiempo de visionado de determinado contenido erótico de diferentes géneros, la activación cerebral a través de **técnicas de neuroimagen o la dilatación de la pupila**.

Cada metodología cuenta con fortalezas y limitaciones proporcionando, cada una de ellas, información de aspectos diferentes de la orientación sexual.

Ni genes ni ambiente: ambas

Con gran probabilidad, la mayor controversia en el campo de las orientaciones sexuales es la de su etiología u origen.

———— ✳ ————

¿Viene la orientación sexual predeterminada en nuestro código genético?

¿Está la orientación sexual determinada por nuestro contexto sociocultural?

¿Que la orientación sexual se vea influida por el ambiente implica que nuestra orientación puede cambiar en función de los estímulos de los que nos rodeemos?

¿La orientación sexual se aprende?

Independientemente de lo que te sugieran estas cuestiones a priori, recuerda que fueron la principal preocupación del presidente de Uganda para considerar una ley que proponía **condenar con pena de muerte a las personas homosexuales hace menos de diez años**.

El propósito de este libro **no es proporcionar una revisión extensa** acerca de las múltiples teorías que se han propuesto para explicar la etiología de la orientación sexual En su lugar, mi intención es la de **presentar muy brevemente y de manera simplificada** las principales teorías de las bases de las orientaciones sexuales. Lo hago, únicamente, porque así será más sencillo llegar a nuestro objetivo final: **las orientaciones sexuales en el cerebro**. Por último, trataré de exponer por qué la controversia de si la homosexualidad es innata, adquirida o una decisión personal, **no debería tener más implicaciones que el avance en el conocimiento de nuestra sexualidad**.

A grandes rasgos, podemos decir que hay dos grupos de teorías propuestas para explicar el origen de las orientaciones sexuales: **biológicas y sociales**. Por un lado, las teorías biológicas **apelan a un componente genético de la homosexualidad**, así como a la exposición a determinadas hormonas en el desarrollo prenatal. Para estas teorías, la orientación sexual viene programada en el individuo **desde antes incluso de su nacimiento** y se manifestará en periodos críticos del desarrollo como la adolescencia, sin ser algo modificable. **Para estas teorías, gay, lesbiana o bisexual se nace, no se hace.**

Con respecto a las teorías sociales, la mayoría proponen que es el ambiente social postnatal el que moldea la orientación sexual de los individuos. Dentro de esta línea, encontramos propuestas diversas, como que determinadas dinámicas entre los padres, madres y sus hijos pueden afectar a la orientación sexual de los últimos. Incluso, en este grupo existen propuestas que defienden que el tener contacto con personas LGB **puede provocar homosexualidad. Para estas teorías, gay, lesbiana o bisexual te hacen, no naces.**

Teorías biológicas

Teorías evolutivas:

Existen diferentes propuestas que podríamos localizar dentro de las teorías evolutivas. Aunque cada una enfatiza elementos diferentes, todas parten de la misma premisa: si un rasgo de nuestra conducta se ha mantenido hasta nuestros días es porque, a lo largo de nuestra evolución, **ha debido de servir a algún propósito**. En esta línea, uno de los principios de la evolución es que las conductas de los organismos están destinadas a garantizar la supervivencia de los genes a través de la reproducción. Sin embargo, podríamos razonar que los individuos que tienen conductas exclusivamente homosexuales a lo largo de su vida no llegan a reproducirse y a transmitir sus genes. Por tanto, **¿cómo podría haber permitido la evolución la supervivencia**

de la homosexualidad? Existen diferentes propuestas. Una de ellas, la *hipótesis de selección de parentesco* propone que, en realidad, los individuos homosexuales sí habrían favorecido a lo largo de la evolución la transmisión de sus genes, pero de manera indirecta, ejerciendo tareas de cuidado hacia otros miembros de la familia, como sus sobrinos, facilitando su supervivencia y reproducción. Sin embargo, la evidencia que apoya esta hipótesis es limitada (9).

Teorías genéticas:
Seguro que en algún momento has escuchado hablar del **descubrimiento del «gen gay»**. Desde hace décadas se ha propuesto que existe una influencia genética importante en la conducta sexual homosexual. Esta idea surgió a raíz de los resultados de algunos estudios que parecían señalar cierta concordancia en la orientación sexual de gemelos monocigóticos (que comparten la totalidad de su ADN) (10). Sin embargo, el papel de la genética en la orientación sexual **no está claro en absoluto**.

Precisamente esta laguna quiso abordar un grupo de investigadores encabezados por la científica Andrea Ganna, en 2019, en uno de los estudios genéticos de la orientación sexual **más importantes hasta la fecha** (11). En él, se sirvieron de una de las bases de datos con información genética más amplias de Reino Unido para estudiar la contribución del material genético en las preferencias sexuales. Tras analizar la información de casi 500.000 personas, llegaron a la conclusión de que no solo no existe un único gen de la homosexualidad, **sino que existen**

múltiples, y que estos explican entre el 8 % y el 25 % de la preferencia sexual. Pero, además, cada uno de estos genes se ve implicado en otros muchos rasgos psicológicos muy diversos. Desde la apertura a la experiencia (una dimensión de la personalidad) **hasta el consumo de cannabis**. Las autoras concluyeron que la conducta homosexual podría estar en parte influida por la genética, pero que el peso de esta es bajo y su papel no está claro en absoluto, **dejando una puerta a otro tipo de influencias, tanto biológicas como socioculturales**.

Hipótesis de la organización-activación:

Una de las propuestas del origen de la conducta homosexual introduce a unos personajes de los que seguro que has escuchado hablar: **las hormonas**. Las hormonas son mensajeros químicos que regulan un gran número de procesos fisiológicos, desde el hambre y el sueño hasta el ciclo ovárico y la reproducción. En lo que respecta a la orientación sexual, se ha propuesto que los niveles de diferentes hormonas en el desarrollo dentro del útero podrían influir en las tendencias androfílicas (**recuerda, de atracción hacia hombres**) y ginecofílicas (**de atracción hacia mujeres**) del individuo en el futuro (9). Especialmente, se ha investigado el papel de la testosterona, considerada una hormona masculina al ser liberada por los testículos y encontrarse en mayores concentraciones en los hombres. De acuerdo con la denominada **hipótesis de la organización-activación**, altos niveles de testosterona durante el embarazo inducirían una organización cerebral con tendencia a la ginecofilia. Esto ocurriría en el caso de los hombres heterosexuales y de las mujeres lesbianas, mientras que, de acuerdo con esta hipótesis, los hombres homosexuales y las mujeres heterosexuales estarían expuestos a menores niveles de testosterona durante el desarrollo prenatal, lo que derivaría en una futura androfilia. De este modo, **la orientación sexual estaría ya organizada en el cerebro en el momento del nacimiento**, sustentada en circuitos cerebrales sustancialmente distintos para personas homosexuales y heterosexuales. Finalmente, de acuerdo con esta hipótesis, la explosión hormonal asociada a la pubertad conllevaría la activación de estos circuitos y la expresión de conductas homosexuales o heterosexuales, **siempre en función de la concentración de testosterona en el ambiente intrauterino**.

Mira, te voy a reconocer que esta hipótesis ha pegado muy fuerte y tiene mucho más detrás de lo que yo he explicado aquí, pero espero que hayas podido formarte una idea de lo que sugiere.

Principalmente, nos propone que los hombres homosexuales **tienen un cerebro menos masculinizado que los heterosexuales**, mientras que las **mujeres lesbianas muestran un cerebro más masculinizado que sus análogas heterosexuales**. La evidencia que sustenta esta hipótesis está basada, sobre todo, **en estudios animales**, mientras que la evidencia en humanos se limita a estudios con marcadores indirectos de la exposición hormonal prenatal, **lo que limita las conclusiones que podamos extraer**.

Efecto del hermano mayor:

Ahora voy a contarte uno de los fenómenos que más me ha impactado acerca de la ciencia de las orientaciones sexuales. Se llama **el efecto del hermano mayor** y es la influencia biológica sobre la orientación sexual con más evidencia científica detrás (9, 12, 13, 14, 15). Este fenómeno se basa en el descubrimiento de que los hombres homosexuales **suelen tener un mayor número de hermanos mayores que los heterosexuales** (de acuerdo con este efecto, por cada hermano mayor que tenga un individuo, aumenta su probabilidad de ser gay en un 33 % (9, 12, 13). De hecho, de acuerdo con su descubridor, este efecto explicaría la orientación sexual de entre el 15 % y el 29 % de los hombres homosexuales (12, 13).

Algunas voces han argumentado que este efecto se debe a las interacciones sociales diferenciales **dentro de las familias que tienen varios hijos**, de modo que las relaciones de los hijos mayores con los progenitores serían cualitativamente distintas a las que tienen los hermanos más pequeños, pudiendo esto derivar en diferencias en su orientación sexual. Sin embargo, los resultados de algunos estudios sugieren que el efecto del hermano mayor solo tiene lugar ante hermanos biológicos y no ante hermanastros, lo que pone en entredicho la propuesta del papel de las interacciones sociales diferenciales (16). Recientemente, se ha propuesto que el mecanismo para este fenómeno consiste en una supuesta **reacción inmunológica detonada** en la madre tras sucesivos embarazos de hijos varones. Así, con cada embarazo de un hijo varón, la madre se volvería progresivamente inmune a una proteína que participa en la diferenciación sexual del cerebro masculino, evitando su efecto *masculinizador* (17).

A pesar de que este efecto ha sido ampliamente estudiado y descrito en diferentes poblaciones, no podemos concluir que se trate de la única etiología de la homosexualidad, ni mucho menos. Sin embargo, deja abierto un nuevo horizonte en la investigación en la que caben numerosas preguntas. **¿Qué ocurre en el caso de las mujeres?** ¿Y en el caso de los hombres homosexuales que son hijos únicos? **Son cuestiones para las que todavía no tenemos una respuesta.**

Teorías ambientales y sociales

¿Recuerdas que antes comentamos que se estima que un cuarto de la variabilidad en orientaciones sexuales parece atribuirse a la genética? Suponiendo que esto es realmente así, aún nos quedarían **tres cuartos por explicar**, donde podrían caber multitud de factores Algunos de ellos hacen referencia a variables biológicas no genéticas, como la presencia de determinadas hormonas en el ambiente prenatal, o la inmunización de la madre a una proteína específica tras las gestaciones sucesivas de hijos varones. A pesar de que es altamente improbable, no sabemos si, sumando todas estas variables, **llegaríamos a explicar el 100 % de la orientación sexual**. Por tanto, diversas voces han propuesto que ciertos elementos presentes en el ambiente postnatal y social de los individuos podrían llegar a explicar e, incluso, a determinar la orientación sexual.

No te voy a engañar. Dentro de estas teorías hay propuestas bastante escabrosas. Además, son las que cuentan con menor apoyo empírico. Con esto no te digo que los ambientes postnatal y social no jueguen un papel importante en la orientación sexual. Solo puntualizo que, probablemente, no sea de la manera en la que estas teorías, algunas revestidas de tintes tremendamente homófobos, sugieren.

Pero vamos a ver algunos ejemplos.

* **Hipótesis psicoanalíticas:**

    El padre del psicoanálisis, el neurólogo austriaco Sigmund Freud, consideraba que todos los seres humanos nacemos bisexuales, y que es la relación con las figuras paterna y materna durante nuestra infancia la que determina si acabamos siendo homosexuales o heterosexuales (18). Otras teorías similares atribuían la causa de la **homosexualidad a una relación disfuncional entre los pequeños y sus padres**. De acuerdo con los expertos, estas teorías psicoanalíticas no cuentan con ningún tipo de apoyo científico, sino que están construidas sobre una base meramente especulativa y difícilmente abordable desde el método científico, **careciendo de validez explicativa** (9, 18).

- **Hipótesis de la seducción y el contagio:**
  No me extenderé en esta hipótesis más que para que recalcar que ha sido una de **las más utilizadas por diferentes posiciones antihomosexuales**, como las que se escuchaban en la Alemania nazi o en la Uganda de 2010 (9). Estas propuestas defendían que las personas homosexuales **reclutan** a personas heterosexuales, especialmente de poca edad, **modificando así su orientación**. Uno de los argumentos de esta perspectiva es que las personas homosexuales tienden a tener sus primeros contactos sexuales con personas que son mayores que ellas. **Esta hipótesis carece de base científica** y ha sido refutada por la gran mayoría de científicos en la actualidad. De hecho, algunos investigadores atribuyen estos primeros contactos sexuales con personas de mayor edad a que las personas homosexuales que se encuentran en etapas de desarrollo sexual, como la adolescencia, pueden percibir ciertos espacios que comparten con sus coetáneos, como el instituto, como inseguros, buscando contactos sexuales en otros ambientes fuera de sus círculos sociales, en los que la diversidad de edad es mayor (9). Más allá de esta posible expli-

cación, **los investigadores no encuentran ningún tipo de evidencia para esta hipótesis.**

Como hemos comentado repetidamente en secciones anteriores, la conducta y la orientación sexual humana son dimensiones extremadamente complejas . Por tanto, no disponemos evidencia que nos permita hablar de una sola causa u origen de la orientación sexual, **que parece ser un fenómeno multifactorial.** Sin embargo, sí que sabemos que no todas las hipótesis gozan de la misma cantidad de evidencias que las sustenten. Actualmente, **las teorías biológicas de la orientación sexual son las que gozan de mayor apoyo científico**, mientras que la evidencia que apoya las hipótesis de carácter social y ambiental es mucho más débil. Una conclusión relevante que se deriva de esto es que **no parece existir evidencia consistente que sugiera que cambiar variables del entorno influya en la orientación sexual de los individuos.**

Pero ¡OJO!

Esto no quiere decir, en absoluto, que el ambiente no juegue ningún papel en la orientación sexual. Ni mucho menos. Es precisamente el ambiente el que influye en la expresión de la orientación sexual. Un ambiente permisivo y tolerante con la diversidad sexual no promueve que haya más gente homosexual o bisexual, del mismo modo que tener padres o madres homosexuales **no aumenta la probabilidad** de que sus criaturas sean gais, lesbianas o bisexuales. Sin embargo, estos ambientes probablemente faciliten la expresión de la sexualidad de esas personas en caso de que efectivamente tengan una orientación no-heterosexual. En esta línea, **un ambiente restrictivo** e intolerante no hará que los individuos sean más heterosexuales, **sino que cristalizará en la represión de la expresión de otras orientaciones sexuales que, no por no manifestarse, dejan de existir.**

En conclusión, mientras que las variables biológicas podrían jugar un papel relevante tanto en la atracción sexual como en la excitación fisiológica, la expresión de las conductas sexuales y la autoidentificación sexual sin duda **se verán influidas en gran medida por las variables sociales y contextuales.**

Sabiendo todo esto, puede que te estés preguntando lo siguiente: **¿Existe un cerebro gay?**

¿Existe un cerebro gay?

Las bases cerebrales de la orientación sexual han sido objeto de estudio de la neurociencia **desde hace décadas.** Sin embargo, los métodos y técnicas utilizadas en el camino han sido diversas y también los resultados arrojados por las investigaciones que compartían este objetivo.

No podemos hablar de las diferencias cerebrales entre orientaciones sexuales sin mencionar a la figura de Dick Swaab (1944-presente), un reputado neurobiólogo holandés especializado en neuroendocrinología. Swaab ha dedicado una parte de su trayectoria investigadora al estudio de las diferencias anatómicas y fisiológicas entre sexos, **así como entre orientaciones sexuales.** Swaab, de la mano de su colega Hofman, fue uno de los primeros investigadores en describir una diferencia anatómica (dimorfismo) entre los cerebros de hombres heterosexuales y homosexuales. En su investigación, Swaab y Hofman presentaban resultados que sugerían que el **núcleo supraquiasmático de los hombres homosexuales era dos veces más grande que el de**

hombres heterosexuales (19). El núcleo supraquiasmático es un conjunto de células que regula ciertos ritmos biológicos como el de sueño. Sin embargo, la principal limitación de este estudio es que fue realizado con cerebros *post mortem*, es decir, de personas que ya habían muerto. Por tanto, ¿cómo sabemos que la diferencia de tamaño se atribuye a la diferencia sexual y no a otras variables? Y, aunque guardase relación con la orientación sexual, ¿cómo asegurarnos de que es esta su fuente última, y no otra relacionada con el estilo de vida o condiciones vitales a las que las personas del estudio pudieron estuvieron expuestas de manera diferencial como consecuencia de su orientación?

A lo largo de décadas de investigación en orientaciones sexuales se ha llegado a asumir que las personas homosexuales de un sexo muestran **rasgos cerebrales característicos de las personas heterosexuales del sexo opuesto**. De hecho, en los artículos científicos en el campo solemos leer los términos **masculinizados y feminizados**, que hacen referencia a este supuesto patrón. Así, se ha propuesto que los hombres gais muestran cerebros más femeninos que los hombres heterosexuales, mientras que las mujeres lesbianas tienen cerebros más masculinizados. Si esto te recuerda a la hipótesis de organización-activación que hemos mencionado en la sección de teorías biológicas, es que estás prestando mucha atención. **¡10 puntos para ti!** También debes saber que Swaab es uno de los defensores acérrimos de esta hipótesis. Sin embargo, todas estas ideas giran en torno a la premisa de que podemos distinguir cerebros masculinos y femeninos, tema del que hablaremos posteriormente.

Entonces... **¿qué nos dicen las últimas investigaciones acerca del cerebro en las diferentes orientaciones sexuales?**

Preguntémonos primero por la estructura del cerebro. Por la forma y volumen de algunas de sus regiones. ¿Existen diferencias de volumen en algunas estructuras cerebrales **entre las diferentes orientaciones sexuales**? ¿Hay regiones que muestran sistemáticamente un tamaño diferente en personas de una orientación sexual con respecto a otra?

En un estudio publicado en junio de 2021, un grupo de neurocientíficos estadounidenses, holandeses y alemanes, liderado por Mikhail Votinov se cansó de tanta confusión y quiso investigar si existen diferencias morfológicas entre los cerebros de personas homosexuales y heterosexuales [20]. Estos investigadores examinaron potenciales diferencias cerebrales estructurales asociadas a la orientación sexual en un grupo de 74 participantes: 37 hombres (21 homosexuales) y 37 mujeres (19 homosexuales). Entre otros hallazgos, encontraron que, en general, las personas heterosexuales muestran unas estructuras, llamadas tálamo y giro precentral, **más grandes que las homosexuales**, mientras que estas últimos muestran un putamen de mayor volumen. Sin embargo, también encontraron que esas **diferencias asociadas a la orientación sexual varían entre sexos**. Este estudio es importante por dos razones. Por un lado, sugiere que existen diferencias entre orientaciones sexuales **en el grosor de algunas regiones cerebrales**, de lo que desprendemos que la **orientación sexual es una variable importante a tener en cuenta en los estudios de neuroimagen**. En segundo lugar, nos propone que las posibles diferencias cerebrales entre orientaciones sexuales se **localizan en regiones específicas**, y no parecen estar distribuidas por todo el cerebro de manera difusa [20].

La de Votinov es un ejemplo de investigación reciente en la que encontramos **diferencias cerebrales a nivel estructural entre**

orientaciones sexuales. Sin embargo, como hemos mencionado anteriormente, para poder extraer conclusiones firmes no podemos ceñirnos a estudios individuales, sino a otro tipo de informes que estudien y analicen de manera sistemática los resultados de muchas investigaciones. **El metaanálisis**, el cual tratamos como una «prueba de fuego», es un ejemplo de ello. Otro método que puede sernos de utilidad es lo que conocemos como **«revisión sistemática»**. Estas herramientas nos permiten visualizar un panorama relativamente completo de lo que nos dicen decenas de estudios, así como evaluar si existen sesgos en estas investigaciones que puedan condicionar sus conclusiones . Estos procedimientos fueron utilizados por Frigerio y sus colegas en una investigación publicada en mayo de 2021, donde se estudiaron las diferencias en estructura, activación y metabolismo cerebral entre cerebros de personas homosexuales y heterosexuales, así como entre personas cis y trans (21). Para ello, incluyeron todos los estudios de neuroimagen publicados hasta marzo de 2021 que comparasen a personas heterosexuales y homosexuales, alcanzando un total de 21 estudios.

¿Cuáles fueron los resultados?

De acuerdo con los investigadores, **los resultados no permiten establecer diferencias claras a nivel cerebral entre personas heterosexuales y homosexuales**. En la misma línea, sus resultados cuestionan la idea tradicional de que las personas homosexuales de un sexo muestran cerebros más parecidos a los de personas heterosexuales del sexo opuesto que a los de su mismo sexo. Así, los autores concluyen que los cerebros de personas homosexuales son más similares a las de personas heterosexuales de su mismo sexo **que a los de personas heterosexuales del sexo opuesto**.

Por tanto, no podemos asegurar a estas alturas de la película que el cerebro de los hombres gais es más femenino que el de los hombres heterosexuales, ni tampoco que el cerebro de las mujeres lesbianas sea más masculino que el de sus análogas heterosexuales.

Sin embargo, lo más relevante de este estudio es que pone de relieve **las limitaciones en el campo de estudio de las orientaciones sexuales desde la neuroimagen**:

- Los autores remarcan que hay **pocos estudios** en el campo.
- Los análisis de sesgo indican que ninguno de los estudios en el campo de la orientación sexual o identidad de género contaba con muestras representativas de su población. Es decir, con **muy pocos participantes** como para extraer conclusiones sólidas extrapolables a su grupo de procedencia.

- **Gran variedad en los métodos** que utilizan las diferentes investigaciones, así como **la falta de resultados negativos en las investigaciones**. Esto último hace referencia a que, a veces, en investigación, tenemos tantas ganas de encontrar cosas interesantes, que solo presentamos nuestros resultados cuando hay diferencias significativas, y no cuando no encontramos nada, lo que puede introducir un sesgo en las conclusiones.

Entonces... ¿con qué nos quedamos? **¿Hay o no diferencias entre el cerebro gay y el cerebro hetero?**

Pues bien. Nos quedamos, en primer lugar, con que **no hay suficientes estudios como para asegurarlo y dejarlo escrito en piedra**. En segundo lugar, nos quedamos con que algunos estudios sugieren que hay **algunas diferencias**, mientras que otros no las encuentran. En tercer lugar, nos quedamos con que, debido a esto, **no podemos decir que exista un cerebro gay, o un cerebro hetero**.

En este punto, no está de más que nos planteemos si esta cuestión no obedece más a una cuestión humana que a otra cerebral. Me explico. La conducta sexual es muy compleja y depende de múltiples factores. Para estudiarla, los seres humanos nos hemos servido de categorías y etiquetas que, en última instancia, **hemos creado nosotros mismos**. Y al cerebro poco le importa en qué categorías nos movemos nosotros. Él funciona con mecanismos y patrones desarrollados durante millones de años a través de presiones evolutivas, no siguiendo nuestras necesidades de clasificación. Esto es algo que debemos tener muy claro cuando hablemos del cerebro: **el funcionamiento del cerebro es independiente de las etiquetas que nosotros decidamos asig-**

nar a los procesos cerebrales, sean del tipo que sean. Eso puede llevarnos a cuestionar si, realmente, la propia pregunta de si existe un cerebro gay tiene algún sentido.

Pero, ya que estamos... Venga, imaginémonos que sí que existen diferencias a nivel cerebral. **¿Repercuten en algo en la vida de las personas?**

Los investigadores que defienden la existencia de diferencias cerebrales entre orientaciones sexuales han propuesto implicaciones muy diversas para este fenómeno. La mayoría, se inclina a pensar **que reflejan un procesamiento diferente de aspectos sensoriales y de la recompensa sexual**. Sin embargo, también se ha propuesto que estas diferencias podrían verse reflejadas en el funcionamiento neurocognitivo. Es decir, según algunos autores, las diferencias cerebrales entre orientaciones sexuales podrían implicar **una mejor o peor ejecución en diferentes tareas cognitivas**.

En las últimas décadas, algunos estudios se han propuesto estudiar si el perfil cognitivo de las personas homosexuales es más similar al de heterosexuales del sexo opuesto que al de heterosexuales del mismo sexo (hipótesis del *cross-sex shift*). A este respecto, podemos encontrar un reciente metaanálisis, con un total de 244.344 participantes, hombres y mujeres heterosexuales y homosexuales, en el que se incluyeron sus puntuaciones en los test cognitivos **en los que tradicionalmente se han encuentrado diferencias de sexo** (22). Tradicionalmente, los estudios han reportado que, **DE MEDIA**, los hombres heterosexuales obtienen mejores puntuaciones que las mujeres heterosexuales en tareas que incluyen un componente espacial, como la rotación mental de figuras en tres dimensiones, la orientación y visualización o percepción espacial. Por otra parte, se sugiere que las mujeres heterosexuales generalmente obtienen puntuaciones más altas que los hombres heterosexuales, en el recuerdo de la localización de objetos, la fluidez fonética y semántica o el reconocimiento facial de las emociones.

¿Y qué encontraron? ¿Cuáles fueron los resultados del metaanálisis?

En primer lugar, se encontró una **considerable heterogeneidad** en los datos. Es decir, un gran rango de puntuaciones muy variables en cada grupo de sexo y de orientación sexual. En segundo lugar, parecer ser que los **hombres gais mostraban una ejecución más similar a la de mujeres heterosexuales que a la de hombres heterosexuales**, tanto en habilidades *típicamente masculinas como femeninas*. Por último, las **mujeres lesbianas mostraban una ejecución típica de su sexo**, siendo **indistinguibles de las mujeres heterosexuales** y sin nada que ver con los hombres hetero.

De acuerdo con estos resultados, podría interpretarse que hay cierta evidencia para decir que los hombres gais muestran un funcionamiento cognitivo más cercano al que muestran las mujeres hetero que al de los hombres heterosexuales. Contrariamente, **las mujeres lesbianas mostrarían un perfil cognitivo típico de su sexo.**

Vale, estos son los resultados. Pero **¿las interpretaciones?** Hay que destacar que los autores del estudio remarcan que los resultados no se deben interpretar como indicadores de que los hombres gais ejecutan exactamente igual que las mujeres hetero. De hecho, remarcan que encuentran muy poca evidencia de la existencia de esta inversión de sexo en el perfil cognitivo de hombres homosexuales, debido a que existe mucha variabilidad en función del tipo de tarea neuropsicológica y de dominio cognitivo. Por último, este metaanálisis cuenta con unos amplios intervalos de confianza (la seguridad con la que podemos asegurar que nuestro resultado es válido) debido, en parte, a que el número de estudios que utilizaban determinados test cognitivos era muy pequeño. Por tanto, los autores reconocen que existe considerable incerteza en torno a sus resultados, **y que sus conclusiones podrían cambiar fácilmente con una muestra de mayor tamaño.**

Pero... ya que estamos hablando de orientaciones sexuales... ¿no te falta algo? **¿No te parece que el panorama no está del todo completo?**

Puede ser, **TAL VEZ**, que haya más orientaciones sexuales que la heterosexualidad y la homosexualidad.

El campo de la sexualidad humana, como otras disciplinas, está marcado por **la preponderancia del binarismo.** Primero, por el **binarismo de sexo** que nos clasifica en hombres y mujeres, dejando de lado a las personas intersexuales. En segundo lugar, el **binarismo de género**, que nos concibe como masculinos y femeninos, ignorando el espectro andrógino. En tercer y último lugar, el **binarismo de orientación sexual**, que nos encasilla como heterosexuales u homosexuales, dejando en la oscuridad a las personas bisexuales y asexuales.

¿Qué tiene en común este binarismo con la importancia de la autoidentificación en el estudio de las orientaciones sexuales?

Para contestar a esta pregunta, **permíteme que nos adentremos en el campo de la bisexualidad**.

Bisexualidad

La bisexualidad es un tipo de orientación sexual en la cual una persona tiene la capacidad de experimentar atracción sexual hacia personas **de cualquier género**. Estimar la prevalencia exacta de la bisexualidad es complicado, aunque un estudio internacional reciente estima alrededor de un 5,1 % de bisexualidad en hombres y de un 7,2 % en mujeres. De acuerdo con este estudio, en España, un 4 % de personas se identifican como bisexuales, frente a un 6 % consideradas homosexuales y un 91 % heterosexuales (23).

Vale, pero aquí lo que me interesa es un tema candente no solo en la sociedad, sino **también a nivel científico**. No es una sorpresa que existe cierto estigma en torno a las personas bisexuales, tildadas en ocasiones como promiscuas o viciosas. Así, no es infrecuente escuchar comentarios como **«¿bisexual? Eso es que estás confusa»**, **«eso es una fase»** o **«ya te aclararás»**. La bisexualidad sigue siendo percibida por muchos como algo transitorio o un periodo de confusión. Incluso es considerada como una farsa esgrimida por personas homosexuales con supuestos problemas para aceptarse a sí mismas. Y bueno, ojalá esto solo lo encontrásemos en la calle.

El 4 de agosto de 2020 se publicó en la revista científica *Proceeding of the National Academy of Sciences of the United States of America* un artículo científico que **afirmaba encontrar evidencia de la bisexualidad en hombres** (24).

Espera, ¿cómo? ¿En 2020? **¿Realmente se ha descubierto la bisexualidad hace tan poco tiempo?**

En el artículo científico, titulado «Robust evidence for bisexual orientation among men», los autores exponían algunas dudas acerca de los testimonios de las personas que se declaraban bisexuales en investigaciones previas en el campo de la orientación sexual. Estas dudas se veían alimentadas por el hecho de que la orientación sexual se determinaba preguntando a estas personas por su autoidentificación, método que los investigadores consideraban poco fiable. Por tanto, los investigadores consideraron que la mejor manera de asegurarse de que la gente fuese realmente bisexual **era recopilar los resultados de estudios**

que incluyesen medidas objetivas de la excitación sexual. Es decir, investigaciones en las que se evaluase, con una técnica llamada pletismografía, que los participantes bisexuales tenían **erecciones ante estímulos eróticos tanto masculinos como femeninos**. Así, podrían contrastar si aquellos hombres que se declaraban bisexuales realmente tenían erecciones ante contenido erótico de carácter bisexual. Sus análisis, en una muestra de alrededor de 474 participantes revelaron que las personas que se declaran bisexuales realmente mostraban un patrón objetivo de excitación bisexual. Es decir, su identificación como bisexuales coincide con que realmente **se empalman ante contenido erótico protagonizado por personas de ambos sexos**. Sus conclusiones: amigos, **la bisexualidad existe** (24). Vamos a ver cuál es el problema de esta investigación, aplicable a otras similares.

En primer lugar, reconociendo algunos puntos a favor, el estudio resulta interesante, ya que describe de manera objetiva y cuantificable un aspecto de la conducta sexual. Añadamos que este estudio se plantea con la intención de acabar con **la desconfianza con la que con frecuencia se percibe a las personas bisexuales**.

Si atendemos a las limitaciones, la más obvia es la pretensión con la que esta investigación es presentada al mundo. Quiero decir, la gente bisexual ya sabía que era bisexual **antes de que estos señores encontrasen *evidencia* de su existencia**. No solo eso, sino que estas personas llevan décadas pidiendo visibilidad a través de diferentes manifiestos. Por tanto, creo que podríamos concluir que el título de la investigación no es el más adecuado. Se trata de un ejemplo de cómo una investigación científica motivada por desmentir un tipo de el estigma acaba sucumbiendo a este.

Pero la limitación más importante es la de interpretar las medidas objetivas, **como la erección**, como el indicador último y confirmatorio de la orientación sexual. Esta preocupación fue expuesta en cartas a los autores con títulos como *La bisexualidad existe pero no puede descodificarse de la excitación genital* (25) o *La orientación bisexual no puede ser reducida a patrones de excitación* (26). Esencialmente, las críticas se centran en lo erróneo de pensar que algo tan complejo como la orientación sexual **puede reducirse a la excitación genital**.

Este párrafo de la crítica de Zivony (25), investigador de la Universidad de Londres, recoge las principales *red flags* de este estudio:

«Documentar estos patrones es una tarea importante que avanza nuestro conocimiento de la sexualidad humana. Sin embargo, esto no debería enmarcarse como una evaluación de la validez de las orientaciones sexuales. Subjetiva como es, **nuestro mejor método de capturar la orientación sexual de la gente ha sido y será la auto-identificación.** Sugerir otra cosa puede tener la inintencionada consecuencia de alimentar la prejuiciosa y dañina práctica de poner en duda a los hombres bisexuales, considerando que están confusos o que mienten acerca de su orientación».

¿Cuál es la conclusión de todo esto?

En primer lugar, que la ciencia está hecha por seres humanos. Con buenas intenciones, en algunos casos, pero, en definitiva, **por seres humanos que no son siempre capaces de liberarse de esquemas y prejuicios.** En segundo lugar, que un dato objetivo, como una erección más o menos fuerte, no nos proporciona información más valiosa acerca de las orientaciones sexuales que la autoidentificación, **sino una información diferente.**

Asexualidad

De acuerdo con la Red de Educación y Visibilidad en Asexualidad (AVEN), las personas asexuales **no suelen experimentar atracción sexual hacia otras personas** (27). Aunque la asexualidad ha sido descrita desde mediados del siglo pasado, la mayor parte de la investigación en el campo ha ocurrido **en las últimas décadas**, gracias a la cual conocemos un poco más acerca de esta orientación que representa al 1% de la población (28). Sin embargo, todavía existe **mucho desconocimiento** acerca de la asexualidad, de modo que las **personas asexuales sufren un estigma significativo**, sustentado en la creencia de que la falta de atracción sexual podría considerarse fruto de alteraciones psiquiátricas, hormonales o incluso como una consecuencia de problemas psicológicos relacionados con la vivencia de traumas o problemas de apego en la infancia.

Diversas revisiones recientes de la literatura científica sugieren que las hipótesis que plantean la asexualidad como una alteración psicológica **no cuentan con ningún tipo de apoyo científico** (29). Tampoco lo hacen las conceptualizaciones de la asexualidad como una **disfunción sexual**. En esta línea, el activismo de las personas asexuales ha cristalizado en que la autoidentificación de la persona como asexual **impida el diagnóstico de algunas disfunciones sexuales**, como el trastorno del deseo hipoactivo, caracterizado por una falta de deseo sexual que causa un **malestar significativo** a la persona que lo experimenta. Y es que el colectivo asexual lleva décadas reivindicando que la falta de atracción sexual hacia otras personas **no constituye ningún tipo de malestar**. De hecho, existe evidencia de que el malestar psicológico que pueden experimentar las personas asexuales proviene de variables como el **estigma social o de la presión de sus compañeros sexuales** para mantener sexo (29, 30).

En la actualidad, la mayor parte de la investigación sugiere que la asexualidad **constituye una orientación sexual como cualquier otra** (29). Todavía queda mucho por conocer acerca de la asexualidad pero, hasta el momento, las investigaciones indican que el grupo de personas asexuales comprende **en realidad a una población muy heterogénea respecto a diferentes aspectos, como los intereses románticos, las actitudes sexuales o las fantasías** (30, 31). De este modo, la asexualidad ha empezado a considerarse como un **espectro** en el que, experimentándose poca o nula atracción sexual hacia otras personas, pueden existir diferentes grados de atracción romántica (deseo de mantener una relación romántica), de deseo y, por ejemplo, variabilidad en la frecuencia de la masturbación. Además, existe evidencia que refuta la creencia de que **las personas asexuales presentan alteraciones en su funcionamiento sexual** (28, 29, 30, 31, 32). Lo que está claro es que hace falta mucha más investigación en el campo de la asexualidad, así como una mayor visibilización de la misma, a través de un trabajo educativo que nos permita **comprender y respetar a las personas asexuales**.

Y... ¿el cerebro de las personas trans?

Hasta ahora, **hemos hablado de orientaciones sexuales**, sin considerar las identidades de género. Si recuerdas, al inicio del capítulo aclaramos que la identidad de género de las personas trans **no se corresponde con la que les fue asignada al nacer en base a su sexo**. Antes de dar unas pinceladas acerca de qué nos ha enseñado el estudio de la transexualidad **dentro de la neurociencia**, quiero recalcar algo importante. En los últimos años, los conceptos de *sexo* y *género*, **profundamente interrelacionados**, están siendo revisitados por la neurociencia, sin haberse encontrado todavía una conceptualización satisfactoria **para ninguno de los dos** (33). Estudiar el cerebro de personas tanto cis como trans puede darnos algunas pistas para conocer las bases cerebrales **del sexo y la identidad de género**, partiendo de que el proceso de construcción del género es un fenómeno complejo con influjos biológicos y sociales. Sin embargo, es importante tener en cuenta que estas investigaciones no validan los derechos, la existencia, ni las vivencias de las personas trans, que no son debatibles y tienen entidad propia **independientemente de los resultados de estos estudios**.

Por desgracia, las personas trans son víctimas de **diversas formas de discriminación** dentro de nuestra sociedad y, en consecuencia, **también dentro de la ciencia**. Así, las personas trans se han visto excluidas de multitud de estudios científicos, **incluidos aquellos destinados a estudiar el sexo y el género**, siendo necesaria mucha más investigación para conocer sus características cerebrales. Sin embargo, en esta última década, distintas investigadoras se han embarcado en este campo, **con el objetivo de comprender mejor la diversidad humana** (33, 34, 35, 36).

En lo que respecta a la estructura cerebral de las personas trans, el estudio más grande hasta la fecha consiste en un megaanálisis realizado por el Consorcio ENIGMA, compuesto por neurocientíficos internacionales que **buscan comprender el funcionamiento del cerebro a través de diferentes metodologías** (34). Este estudio pretendía estudiar si la anatomía cerebral de las personas transgénero es más similar a la de personas de su identidad de género, **de su sexo asignado al nacer**, a una combinación de ambos o si, por el contrario, **constituye una configuración totalmente diferente** (34). Los resultados, tras analizar datos de neuroimagen de más de 800 participantes, sugieren que **las personas transgénero muestran una estructura cerebral única**, en la línea de lo que, como veremos en el apartado siguiente, se ha comenzado a denominar como **mosaicismo cerebral**.

En lo que respecta al funcionamiento cerebral, los estudios son escasos. Sin embargo, dos estudios recientes acerca de las bases cerebrales de la construcción y procesamiento del género atribuyen **un papel relevante a las dinámicas entre distintas redes cerebrales**, con protagonismo de la red cerebral de saliencia. La ínsula, perteneciente a esta red cerebral, podría actuar como una especie de **interruptor** que nos permitiría transitar desde el procesamiento de estímulos externos hacia el de estímulos internos (33, 36), y parece jugar un papel importante en el **procesamiento del propio género**.

Investigaciones como las anteriores son relevantes en tanto que aseguran una **mayor inclusión y diversidad dentro de las muestras**, lo que es clave tanto para entender el funcionamiento humano como para atender a potenciales problemas de salud física y mental **en todas las poblaciones**.

Neurosexismo

¿Existe un cerebro masculino y un cerebro femenino?

Mira, este es un **hot topic** en neurociencia y ni conozco la respuesta ni aspiro a hacerlo en un futuro. Durante décadas, incluso siglos, los investigadores se han lanzado a estudiar si las supuestas **diferencias conductuales y cognitivas** entre hombres y mujeres pueden atribuirse a diferencias en su estructura o funcionamiento cerebral. Aunque algunos estudios han asegurado localizar **numerosas diferencias cerebrales entre sexos**, en los últimos años diversas investigadoras se han dedicado a cuestionar las **supuestas disparidades entre los cerebros de hombres y de mujeres**.

Las voces más críticas han hecho referencia a que diferentes tipos de análisis de los datos pueden modificar **sustancialmente las conclusiones de los estudios sobre las diferencias de sexo en el cerebro**. Una de las críticas más contundentes sostiene que, cuando en los análisis se tiene en cuenta el volumen intracraneal total, algo así como **la talla cerebral total**, la cual es, generalmente, un 11 % mayor en hombres que en mujeres, las diferencias cerebrales inicialmente atribuidas al sexo **se reducen y llegan a desaparecer** (37, 38, 39). Así, algunos estudios sugieren que, cuando la talla cerebral se tiene en cuenta, el sexo tan solo explica alrededor del 1 % de la variabilidad en la estructura del cerebro humano (40). Por tanto, cada vez hay más investigación que apoya que no existen diferencias significativas entre los cerebros de hombres y mujeres. Ojo, **sin negar la existencia de estas diferencias** en algunas poblaciones y estudios concretos, estos resultados se alejan de posturas esencialistas que ignoran la influencia clave del contexto tanto a nivel de estructura como de **funcionamiento cerebral**. En definitiva, estas aproximaciones critican lo que en los últimos años se ha dado a conocer como **neurosexismo**.

El término *neurosexismo* fue acuñado por la psicóloga y neurocientífica Cordelia Fine en su libro *Cuestión de sexos*. De acuerdo con Gina Rippon, catedrática de Neuroimagen, el neuroseximo comprende «las prácticas y actitudes científicas que defienden que existen unas diferencias claras e independientes entre el cerebro masculino y femenino, inflexiblemente establecidas como fundamentos de unas diferencias asimismo claras e independientes entre las capacidades, aptitudes, interés y personalidades de hombres y mujeres» (40). Alejándose de estas posturas, tanto Rippon como Fine defienden que el cerebro de una persona, tanto en su estructura como en su funcionamiento, es **el reflejo de las experiencias que vive y los estímulos a los que está expuesto**, gracias a los mecanismos de neuroplasticidad. Por ejemplo, una persona expuesta a realizar tareas que requieren de habilidades de navegación espacial no solamente mostrará una mejor ejecución con el tiempo en estas tareas, **sino que refinará los circuitos cerebrales implicados en las mismas**. Así, en un mundo dividido por géneros, en el que hombres y mujeres han estado relegados a labores y actividades diferentes, es de esperar que **tanto sus habilidades cognitivas como su estructura cerebral** muestren una especialización diferente. En definitiva, lo que proponen estas posturas es que **debemos tener cuidado** a la hora de interpretar las diferencias cerebrales entre hombres y mujeres como diferencias de sexo, pudiendo ser más bien, **diferencias de género**.

Daphna Joel es una neurocientífica israelí pionera en el estudio de las **diferencias de sexo en cerebro**. En sus investigaciones, Joel ha buscado contestar la pregunta de si el cerebro humano puede ser categorizado de acuerdo con un **sistema binario hombre-mujer**, es decir, si existe un cerebro masculino y otro femenino. Una de las principales conclusiones de los estudios de Joel es que, aunque existen algunas diferencias de sexo/género en el cerebro, **la mayor parte de los cerebros humanos conforman mosaicos únicos**, con algunas características más comunes en mujeres, otras más comunes en hombres y otras comunes en ambos sexos (42, 43, 44), lo que Joel ha denominado como **mosaicismo cerebral**. Estos resultados que sugieren que los cerebros humanos **no pueden ser divididos binariamente en las categorías de hombre o mujer** han sido replicados en estudios recientes que evidencian que la perspectiva de un continuo de géneros refleja de manera más adecuada la variabilidad en la arquitectura cerebral que la de dos categorías estancas (34, 45).

La hipótesis del mosaicismo parte de entender que la **complejidad del cerebro surge de la complejidad del ambiente**, proponiendo que cada cerebro es único y refleja las experiencias e historias de aprendizaje de quien lo porta. Así, la hipótesis del mosaicismo **no propone** que el sexo no afecte al cerebro ni que no existan diferencias entre sexos en determinados parámetros o medidas cerebrales. En su lugar, propone que los mecanismos por los que el sexo afecta al cerebro son diversos y, además, dependen de otros factores ambientales, **resultando en cerebros con características que varían en su localización en el continuo hombre-mujer**. Por tanto, Joel defiende que afrontar el estudio del cerebro desde el binarismo de sexo no solamente **no es apropiado para entender los efectos del sexo en el cerebro**, sino que interfiere en el camino científico para entender el sexo, el cerebro y las relaciones entre ambos (43, 44).

¿Por qué estudiar las orientaciones e identidades sexuales desde la neurociencia?

Es posible que a lo largo de apartados anteriores te hayan surgido dudas acerca de la **utilidad de las diferentes investigaciones** que hemos ido comentando. No te lo voy a negar: a mí también. Tal vez incluso hayas pensado que estos campos de conocimiento no son prioritarios en comparación con otras líneas, como el desarrollo de fármacos o, por ejemplo, la investigación contra el cáncer. En este sentido, hay varias cosas que quiero decirte y que deben quedar muy claras a quien lea este libro.

En primer lugar, la investigación neurocientífica en materia de orientaciones e identidades sexuales **bajo ningún concepto sirven**

para validar la existencia de de la diversidad sexual. Encontrar que, ante una fotografía erótica de un hombre, el núcleo accumbens de un hombre gay recibe más sangre oxigenada, indicando mayor activación de este centro de recompensa, que el de un hombre hetero, no justifica ni valida su homosexualidad. Entonces, **podríamos preguntarnos, ¿para qué invertir dinero en este tipo de investigaciones?**

Las investigaciones que he ido presentando en las secciones anteriores, centradas en los correlatos neuronales de las diferentes orientaciones e identidades sexuales, pertenecen al campo de la investigación básica. Buscan conocer cómo responde el cerebro de una persona ante la presentación de unos estímulos muy concretos presentados en un contexto de laboratorio. Por tanto, **su interés radica exclusivamente en conocer un apartado del funcionamiento humano,** en este caso, muy pequeño, perteneciente al ámbito de la sexualidad. La investigación básica siempre es necesaria, aunque, por desgracia, no suela ser la prioritaria en la concesión de ayudas para la investigación. Sin embargo, es esta rama de la ciencia sobre la que se erige la investigación aplicada, que puede tener relevancia en contextos clínicos.

A este respecto, es importante destacar que una cosa son los resultados de un estudio concreto y otra cosa diferente es la interpretación de esos resultados. Esta interpretación de resultados se realiza siempre a la luz de investigaciones previas, resaltando las congruencias e incongruencias con estudios realizados en otro tipo de poblaciones, con otros métodos o bajo distintas condiciones. Asimismo, en esta discusión de los resultados, se presentan las fortalezas y limitaciones del propio estudio, lo cual es clave para evaluar la validez de sus resultados. Por estas razones, aunque cuando queremos conocer lo que ha encontrado realmente un estudio debemos acudir a sus resultados, el verdadero conocimiento reside en poner esos resultados en contexto y entender sus potenciales implicaciones.

Algo a tener en cuenta es que podría argumentarse que el encontrar diferencias cerebrales entre sexos, género u orientaciones sexuales podría promover la aparición de actitudes y conductas homófobas, transfobas o sexistas. En este punto es en el que tenemos que volver a lo comentado en el párrafo anterior. A ello, debemos sumar la conciencia de que, aun pudiendo existir estas diferencias, no hay estudios suficientes que permitan asegurar que estas sustentan diferencias en capacidades cognitivas, neuropsicológicas u otras variables psicológicas. Es decir, aunque llegásemos a pensar que existen estas diferencias, no sabemos realmente qué es lo que implican. En definitiva, bajo ningún concepto se debe caer en pensar que la existencia de diferencias cerebrales, sean estas las que sean, justifican actitudes discriminatorias ni recortes en derechos humanos. La ciencia no tiene nada que decir en este último campo.

Mi orientación no se toca: terapias de conversión o ECOSIEG

Independientemente de la etiología o las bases de las orientaciones sexuales, probablemente multifactoriales y todavía grandes desconocidas, hay algo que sí podemos decir con certeza.

———— ✳ ————

**La orientación sexual
no parece ser modificable.**

————

Es uno de los puntos en los que existe un consenso prácticamente total entre investigadores y clínicos en el campo de la sexualidad. Así lo establecen las asociaciones de psicología y psiquiatría americanas, que reconocen los riesgos que entrañan para la salud los intentos de modificación de la orientación sexual (46, 47).

Pero, en primer lugar, **¿por qué querría alguien modificar la orientación sexual de otra persona?**

No podemos olvidarnos de que la homosexualidad fue considerada como una enfermedad, **prácticamente hasta antes de ayer**. Hasta 1974, la homosexualidad se incluía dentro de la sección de «Desviaciones Sexuales» del *Manual diagnóstico y estadístico de los trastornos mentales*, publicado por la Asociación de Psiquiatría Americana. Del mismo modo, **no fue hasta 1990** que la Organización Mundial de la Salud, retiró la homosexualidad de la *Clasificación Internacional de Enfermedades* (48). Así, parte de la defensa de las estrategias para modificar la orientación sexual se fundamentaba en considerar la no-cisheterosexualidad como una desviación de la salud.

Aunque han pasado unas cuantas décadas, el mensaje parece **no haber calado del todo en algunos países**. En aquellos en los que existe una fuerte presencia de grupos religiosos y conservadores. A lo largo de la historia se han utilizado diferentes términos para referirse a lo que comúnmente conocemos como **terapias de conversión**, entre los que se encuentran *terapia reparativa, cura gay* o *terapia exgay*. Por esa razón, en el año 2020, ILGA WORLD, la Asociación Internacional de Lesbianas, Gais, Bisexuales, Trans e Intersex, recopiló evidencia acerca de los diferentes tipos de terapias realizadas a lo largo de la historia y en la actualidad, **renombrados con el término paraguas ECOSIEG** (esfuerzos de cambio de orientación sexual, identidad de género o de expresión de género) (1, 9). De acuerdo con ILGA, todas estas prácticas tienen algo en común: **los esfuerzos por lograr deseos, atracciones, comportamientos o una identidad heterosexual**. Así, tomando la heterosexualidad como la referencia, se busca modificar las tendencias de cualquier persona que disida de ella. Estas terapias parten de que las orientaciones no heterosexuales son anomalías indeseables.

Pero ¿en qué consisten estas terapias?

¿Qué se les hace realmente a las personas homosexuales que se someten a ellas?

En primer lugar, he de decirte que las ECOSIEG han sido promocionadas por multitud de grupos, especialmente aquellos ligados a ideología conservadora y, muy concretamente, **a extremismos religiosos**. No obstante, no debemos olvidar que han sido muchas las personas que han acudido a estar terapias por insistencia de sus familiares e, incluso, por voluntad propia (que no por libre elección), siguiendo la creencia de que su orientación sexual constituye algo indeseable, un reflejo de una disfuncionalidad o un pecado.

Ejemplos de ECOSIEG

No me explayaré mucho en los diferentes tipos de ECOSIEG que se han llevado a cabo a lo largo de la historia, sino que presentaré los que considero más relevantes de todos los que se mencionan en el informe de ILGA, al que te remito en caso de que desees más información.

- **Lobotomía.** Consiste en la destrucción de **las vías nerviosas que conectan determinadas regiones cerebrales**, especialmente las frontales, en personas homosexuales que mostraban marcadas conductas relacionadas con el género opuesto.

- **Terapias aversivas.** El objetivo de estas terapias es el condicionamiento aversivo, de acuerdo con el cual la persona asocia un determinado estímulo, de naturaleza positiva o neutra, a otro estímulo negativo, como una sensación dolorosa o desagradable. Así, se exponía a personas homosexuales a una serie de estímulos eróticos homosexuales, como imágenes o vídeos, mientras que, simultáneamente, **se les ordenaba ingerir sustancias**, sobre todo eméticos, como la apomorfina, **destinadas a inducir náuseas y el vómito**. El objetivo era que la persona asociase el estímulo erótico con la náusea. Estas técnicas no solamente no daban resultado, sino que sus consecuencias están ampliamente descritas, incluyendo, especialmente, el estrés postraumático y diversos trastornos depresivos. Estas estrategias todavía son utilizadas en algunos países, como Irán.

- **Internamiento en campos de trabajo.** El internamiento todavía constituye un tipo de ECOSIEG utilizado en diferentes países. Dentro de estos campos o clínicas de internamiento, **las personas homosexuales son vejadas, sufriendo abusos constantes y diversas formas de tortura**.

Actualmente, las ECOSIEG se encuentran condenadas por la mayor parte de las asociaciones relevantes en el campo de la salud **a nivel nacional e internacional**. Entre ellas, las asociaciones americanas de psicología y psiquiatría, así como los colegios oficiales de psicólogos en España. Las ECOSIEG no solamente no son efectivas, puesto que no logran la modificación de la orientación sexual, sino que se asocian con multitud de alteraciones psicológicas, como trastornos de ansiedad, del estado de ánimo, trastorno de estrés postraumático y, en última instancia, **con el suicidio** (1, 9, 46, 47).

Estos son solo algunos de los ejemplos de ECOSIEG que se han utilizado y utilizan en diversos países del mundo. Sin embargo, creo que debemos tener especialmente presente lo sucedido en nuestro propio país. Fue en 1954, en plena dictadura franquista, cuando se introdujo al colectivo homosexual dentro de la Ley de Vagos y Maleantes, **bajo la cual miles de homosexuales y transexuales fueron perseguidas y condenadas a penas de prisión**, internamiento, rehabilitación e incluso, a la muerte. Un ejemplo lo encontramos en el campo de trabajo e internamiento para homosexuales en Tefía, en las islas Canarias, al que personas homosexuales fueron destinadas, **en muchas ocasiones sin juicio previo** (49, 50).

La Ley de Vagos y Maleantes fue sustituida por la Ley sobre Peligrosidad y Rehabilitación Social, vigente hasta 1995. El 26 de diciembre de 1978, el Consejo de Ministros presidido por Adolfo Suárez **eliminó los actos homosexuales**, a los que se asignaban penas de hasta cinco años de internamiento en cárceles o manicomios, de esta ley. Tres días después, el 29 de diciembre, se aprobó la Constitución española, la cual, actualmente, presenta lo siguiente en su artículo 14:

Los españoles son iguales ante la ley, sin que pueda prevalecer discriminación alguna por razón de nacimiento, raza, sexo, religión, opinión o cualquier otra condición o circunstancia personal o social.

En la actualidad, de acuerdo con el informe de ILGA, España es el **undécimo país de Europa con la legislación más progresista en protección de derechos LGBTI**. Por esta razón, es de justicia recordar nuestra historia, la conquista de nuestros derechos y tener en cuenta que su mantenimiento depende de la defensa activa que hagamos de los mismos, luchando contra toda amenaza de retroceso.

---- ✳ ----

¿Sabías que en España no contamos con una ley estatal que prohíba las terapias de conversión o ECOSIEG?
Por ahora, solamente cinco comunidades autónomas (Andalucía, Aragón, Madrid, Murcia y Valencia) cuentan con medidas específicas contra las terapias de conversión dentro de sus leyes autonómicas de protección a las personas LGBTI. Concretamente, en todas estas comunidades, exceptuando Murcia, se encuentra prohibida cualquier intervención destinada al cambio de la orientación sexual efectuada por cualquier persona, lo que incluye el consejo o asesoramiento religioso.

Un mensaje para ti

El descubrimiento de la propia orientación sexual siempre es un camino. Especialmente, en el caso de las orientaciones no heterosexuales. La orientación heterosexual se impone sobre las demás, de modo que se presupone, se da por supuesta, tanto por padres como por amigos, familia y demás círculos sociales. **Así, la heterosexualidad se encuentra penalizada y criminalizada en un total de cero países y nadie sufre, en su día a día, ningún tipo de discriminación exclusivamente por su orientación heterosexual.**

Descubrir en uno mismo una orientación no heterosexual no suele ser un camino de rosas. No ocurre del día a la mañana y suele ir acompañado de miles de conversaciones, experiencias y rayadas. Muchas veces, **acompañado de un miedo de no ser aceptado por las personas más importantes de tu vida.** Esto se acentúa, especialmente, si existe la percepción de que nuestra orientación no heterosexual choca con los valores ideológicos o religiosos tanto propios como de nuestros círculos.

Si, por casualidad, tú, lector o lectora de este libro, perteneces a ese grupo de personas que ha sufrido en el proceso de descubrir su orientación sexual, tengo un mensaje para ti. **No estás sola.** Existen millones de personas como tú por todo el mundo, y aquí estamos dispuestas a echar un cable en lo que necesites. Es posible que en algún momento te hayas planteado que hay algo malo en ti, algo que necesita ser cambiado. Solo puedo decirte que entiendo perfectamente esa sensación. Además, es posible que incluso te hayas planteado la posibilidad de pedir ayuda, de diferentes tipos. Como te comentaba en párrafos anteriores, en muchas ocasiones son las propias personas no heterosexuales las que deciden acudir a terapias de conversión para modificar su orientación sexual, movidas por la disonancia que surge al chocar esta con sus valores ideológicos, religiosos o por el contraste con las creencias de sus círculos. **Es mi deber avisarte de que estas terapias no funcionan.** Y avisarte también de que **no hay nada que cambiar en ti**. El cambio tiene que ocurrir en nuestro entorno. **Es la única manera**. De todos modos, en caso de que tu orientación sexual te cause malestar, siempre puedes contar con profesionales, de la **PSICOLOGÍA**, colegiados y, si es posible, especializados con habilitación sanitaria o especialistas en psicología clínica.

CAPÍTULO 3

Este capítulo se escribió escuchando la discografía de Jorge Drexler, Luis Eduardo Aute, Rozalén y Bad Gyal.

¿Miras el móvil antes de hacer pis por la mañana o mientras haces pis por la mañana? Porque son las dos únicas opciones.
Roger McNamee, inversor de capital de riesgo de Facebook,
The Social Dilemma

430 seguidores... ¡Ahh, vete a dormir tranquila! Diga lo que diga yo, lo van a hacer. 430 corazoncitos. 430 personas que están... «¿Qué dice? Ehh, lo vamos a hacer». Mucho poder, no lo voy a utilizar para mal.
Noemí Argüelles, *Paquita Salas*

REDES SOCIALES

En 2020 se estrenó en Netflix un documental llamado *The Social Dilemma (El dilema de las redes sociales)*, una pieza de una hora y media en la que profesionales que trabajaron en el desarrollo de algunas de las herramientas más relevantes actualmente en internet, como Google, Facebook o Instagram, exponen su punto de vista acerca de **los peligros de las redes sociales** (1). El documental comienza con una cita de Sófocles:

«Nada grande acontece en la vida de los mortales sin una maldición».

Con esta cita, el director del documental pretende poner de relieve dos aspectos clave en el debate de las redes sociales. Por un lado, que la aparición de las redes sociales ha supuesto **un acontecimiento histórico revolucionario** para la especie humana. Con las redes sociales, las barreras geográficas y temporales de la comunicación se han difuminado, de modo que, actualmente, conseguimos hacer llegar todo tipo de mensajes de un lado al otro del globo en **cuestión de milisegundos**. Si te paras a pensar, esto ya es muy fuerte y sería impensable hace treinta años. Gracias a las redes sociales, por ejemplo, podemos estar en contacto inmediato con seres queridos que viven a kilómetros de distancia y conseguimos **entretenernos en momentos de aburrimiento**. La relevancia de las redes ha sido más palpable que nunca, tanto para pequeños como para mayores, **durante el confinamiento y la pandemia**, siendo una herramienta de comunicación indispensable para la inmensa mayoría de la población.

Por otra parte, la cita de **Sófocles** se utiliza con la intención de señalar un doble filo del uso de internet y las redes sociales. Si has visto el documental, sabes de lo que estoy hablando. En él, los desarrolladores explican cómo las redes sociales han sido diseñadas siguiendo los principios de la **tecnología persuasiva**, la cual aprovecha los conocimientos acerca de nuestro **funcionamiento psicológico** para maximizar el tiempo que pasamos utilizando estas aplicaciones. De acuerdo con los profesionales, a pesar de que las redes sociales hayan sido creadas para mejorar diferentes aspectos de nuestra vida, de **su uso podrían derivarse consecuencias negativas**, de manera totalmente inintencionada y accidental, a la par que potencialmente devastadora: *adicción a las redes sociales, el seguimiento de bulos y* fake news, *planificación premeditada de disturbios, problemas de salud mental, atentados contra la democracia, polarización y pensamiento grupal*, etcétera. Estos son algunos de los argumentos o pilares que se presentan en el documental como consecuencias **negativas del uso de las redes sociales**. Del mismo modo, los protagonistas del documental nos explican cómo las redes sociales y herramientas online están diseñadas para competir por tu atención. Gana quien consiga **que pases más tiempo viendo su contenido**. Gana quien capture tu atención en mayor medida. Gana quien consiga que compres los productos o servicios que anuncian en tu feed.

Una de las conclusiones del documental la aporta **Aza Raskin**, cofundador del Centro de Tecnología Humana: «Si no pagas por un producto que consumes, entonces **el producto eres tú**». Con esta afirmación, se hace referencia a una cruda realidad de las redes sociales. Si el uso de estas aplicaciones es gratuito para ti es que tú no eres el **ver-**

dadero consumidor. Los verdaderos consumidores son las marcas y los anunciantes que pagan porque, en una determinada plataforma, se te muestren y publiciten sus servicios, aumentando la probabilidad de que pagues por ellos. En esencia, los anunciantes pagan a una red social por sus usuarios, por nosotros. **Nosotros somos los verdaderos productos.**

¿Qué? **Esperanzador**, ¿no te parece?

El valor que le doy a este documental es que está protagonizado por profesionales que han dedicado años de su vida a desarrollar las herramientas de las que actualmente **hacen una revisión crítica**. Son personas que han visto el proceso desde dentro y, por tanto, su mensaje merece ser escuchado.

Sin embargo, a nivel psicológico... **¿qué sabemos realmente de las redes sociales?**

De acuerdo, no hace falta ser mago para darse cuenta de que **estamos totalmente enganchados a las redes sociales**. Y es innegable que el teléfono móvil está cada vez más cerca de ser una prolongación de nuestro cuerpo. Sin embargo, las redes sociales son un fenómeno relativamente reciente.

Facebook fue creado en 2004, hace 18 años, mientras que Instagram surgió en 2010, hace 12 años. Por tanto, **las consecuencias del uso de estas apps a largo plazo no podemos conocerlas todavía**. Para ello necesitaremos muchos estudios que nos permitan evaluar la existencia de cambios en nuestro funcionamiento con el paso del tiempo. Especialmente, nos interesan los estudios realizados con población adolescente.

Y... ¿por qué nos interesan especialmente los adolescentes?

Si tú eres un adolescente, debes saberlo: me interesas muchísimo. Por diferentes razones, pero, principalmente, porque salvando las distancias, nuestras adolescencias, **las de los milenials y zetas**, han sido, probablemente, **las primeras en la historia** en las que han estado presentes las redes sociales a través de internet. Independientemente de sus consecuencias, el haber vivido un periodo tan crítico como la adolescencia con un elemento tan sumamente nuevo como las redes sociales hace de nosotros una población **superinteresante de estudiar**. Por tanto, antes de explicarte qué es lo poquito que conocemos de las consecuencias del uso de redes sociales en el cerebro te expondré **por qué** creo que **la adolescencia es un periodo tan interesante a nivel psicológico** y, por supuesto, también cerebral.

Al hablar de redes sociales tenemos que hablar, sí o sí, de **la conducta social**. Antes de meternos de lleno en el tema, quiero recalcar que la neurocientífica es solamente **una de las muchas aproximaciones que podemos adoptar** en el estudio de la conducta social de los seres humanos. La psicológica, filosófica, antropológica o biológica son disciplinas que aportan enfoques **imprescindibles** para poder comprender este fenómeno de manera más completa. Pero, haciendo honor al título de este libro, y porque podríamos tirarnos meses hablando de este tema (yo, sinceramente, no tendría problema), aquí vamos a centrarnos en dar **una pincelada acerca del cerebro social**.

El cerebro social y las redes sociales

El ser humano es, como tantas otras especies animales, **una especie social**, y eso es algo que está profundamente arraigado en nuestra historia evolutiva. No venimos equipados con unos órganos de los sentidos especialmente desarrollados, **en comparación con otras especies animales**. Tampoco con garras o dientes afilados que nos hayan hecho unos ases de la caza, ni con branquias para poder respirar debajo del agua. Sin embargo, sí contamos con **una tremenda capacidad para la interacción social**, para la cual hemos desarrollado capacidades cognitivas, como un lenguaje complejo y una **capacidad de pensamiento simbólico**.

Hablar del cerebro social es **hablar de la corteza prefrontal**. Esta corteza ya ha sido protagonista en capítulos anteriores, en los que comentamos que se trata del conjunto de regiones cerebrales que hemos adquirido **más tardíamente en nuestra evolución**. Es, además, la estructura cerebral que **más tarda en madurar en nuestra especie** (en torno a los 22-25 años) (2). Durante décadas, la corteza prefrontal ha sido objeto de interés por parte de las neurocientíficas, llegando a ser considerada por algunas investigadoras como *lo que realmente nos hace humanos*. No es para menos, ya que de su integridad dependen funciones cognitivas complejas, como mantener la atención, manipular distintos tipos de información de manera simultánea y **controlar impulsos**, así como **coordinar metas diferentes** y **adaptar nuestra conducta a las mismas**. Además, la corteza prefrontal participa en el **procesamiento emocional, el lenguaje y en el pensamiento simbólico** (2, 3).

En definitiva, todas las capacidades que sustenta la corteza prefrontal nos han ayudado, a lo largo de nuestra evolución, a **adaptarnos y a sobrevivir en ambientes complejos**, rápidamente cambiantes y peligrosos. Para ello, ha sido **imprescindible la colaboración con el resto de los miembros de nuestra especie**, siendo necesario desarrollar la capacidad de funcionar en grupos sociales, de desplazar el interés de nuestros objetivos individuales a otros grupales, de **identificar las consecuencias** que pueden tener nuestras acciones en las personas de nuestro entorno, de leer sus estados psicológicos y emocionales, etc. **Solo colaborando entre nosotros en el pasado hemos llegado a donde estamos hoy**. Así, se considera que nuestro cerebro es como es, y funciona de la manera en la que funciona, por haberse desarrollado en un contexto en el que las interacciones sociales y la pertenencia al grupo cobraban especial importancia (4).

Durante nuestra evolución, el grupo social no fue solo útil para mantener los fuegos encendidos por la noche o **para tener más probabilidades de sobrevivir ante un depredador**. El grupo ofrecía apoyo, cuidados y era imprescindible para la transmisión de los conocimientos acerca del mundo de unas generaciones a otras. Con ese último objetivo **nacieron artes como la pintura, la música o los rituales**, que, además de buscar que el conocimiento acumulado no se perdiese, pretendían reforzar los lazos y vínculos **entre los miembros del grupo social**.

De dinámicas grupales presentes en el pasado se derivan las necesidades sociales que podemos tener en la actualidad, **como la necesidad de pertenencia a un grupo**, la preservación de una imagen positiva de nosotros mismos de cara a los demás y la gratificación que supone el reconocimiento del resto, entre otros. Todos estos elementos, **sumados al apoyo material y emocional que puede aportar el grupo**, han llevado a que las interacciones sociales sean altamente reforzantes para el ser humano (3, 5). Aunque necesitamos nuestro espacio individual, los seres humanos precisamos de **estar en contacto los unos con los otros**, siendo el apoyo social uno de los factores protectores de nuestra salud mental más importantes. Así, en general, carecer de apoyo social nos sitúa en una **posición de vulnerabilidad**, no solamente logística a la hora de resolver problemas, sino también de riesgo físico y psicológico. De hecho, el aislamiento social y la soledad **(ojo, la no escogida)** son factores de riesgo para múltiples enfermedades cardiovasculares y problemas psicológicos, **como la depresión y la ansiedad, sentando la base del suicidio** (6).

Yo quiero que nos quede claro que el grupo social en el que nos movemos **juega un papel importantísimo** en diversos aspectos de nuestra vida y que, además, puede suponer una fuente de refuerzo y recompensa brutal. Entender que esto ocurre en formato analógico es clave para **entender lo que sucede en un formato digital o virtual. Y aquí es donde entran las redes sociales.**

Con el surgimiento de las redes sociales, nuestro entorno social se ha expandido **más allá de la presencia de las personas implicadas en un lugar y momento concreto.** Ya no se limita a un espacio geográfico o temporal determinado. Ahora ese espacio y tiempo son **la Nube.** Piensa que, en el pasado, la información que recibíamos de otras personas era muchísimo más limitada. **En diez minutos en Instagram, podemos recibir más información, y de muchas más personas, de la que podríamos recibir en años de vida predigital.** Por tanto, tiene sentido preguntarse si este cambio puede suponer un reto para nuestro cerebro social.

Al fin y al cabo, nuestro cerebro se ha desarrollado durante miles de años, **perfeccionando su funcionamiento en grupos reducidos.** Sin embargo, en un lapso de diez años, hemos podido experimentar una exposición y acceso sin precedentes **a todo tipo de información social.** Por tanto, es normal que nos puedan surgir diferentes dudas.

——— ✳ ———

¿Está nuestro cerebro preparado para procesar tanto cambio en tan poco tiempo?

¿Cómo nos esta afectando funcionar en redes sociales digitales?

———

Siento decirte que **todavía no conocemos las respuestas** a estas preguntas. Sin embargo, de acuerdo con las investigaciones, la comunicación en las redes sociales comparte la **mayor parte de los procesos de la comunicación analógica**. Es decir, en las redes tienen lugar **procesos psicológicos similares** a los procesos con los que operamos en nuestro día analógico (3). Ejemplos de esos procesos son la capacidad de diferenciarnos a nosotros mismos de los demás, o de inferir los estados mentales y emocionales de las personas que nos rodean (lo que conocemos como **teoría de la mente**). Así en redes sociales podemos llevar a cabo conductas que también están presentes en nuestras interacciones no virtuales, como las siguientes (7):

1. Emitir información propia.
2. Recibir *feedback* de otros de la información que emitimos.
3. Consumir la información emitida por otros.
4. Emitir *feedback* a otros de la información que consumimos.
5. Compararnos con otros.

Con el paso de los años, las redes han buscado **optimizar la comunicación**, tratando de refinar, por ejemplo, **la transmisión de los estados emocionales**. Para ello, las redes han llegado a incluir diferentes herramientas, **como los emoticonos**, para que podamos comunicar de una manera efectiva y eficiente nuestros estados emocionales. Por supuesto, también han desarrollado otros mecanismos que nos permiten hacer saber a los demás **nuestra opinión** acerca de los contenidos que suben a sus redes sociales. Concretamente, hay un mecanismo que ha dado muchísimo que hablar y es considerado por algunos como un arma cargada por el diablo. Un mecanismo codiciado y reforzador que acapara **los deseos de millones de personas en el mundo**. Uno que llamado poderosamente la atención de las investigadoras. ¿Sabes de qué mecanismo te estoy hablando?

Me estoy refiriendo, por supuesto, **al maravilloso, deseado y malinterpretado like**.

La neurobiología del like

¿Qué ocurre en nuestro cerebro cuando recibimos un like en Instagram? ¿Y cuando le damos like a alguien?

Gracias a la investigación en **neurociencia afectiva**, y tal y como vimos en capítulos anteriores, sabemos que nuestro cerebro viene equipado con un **sistema de recompensa**. Se trata de un conjunto de estructuras cerebrales que no solamente participan en el **gustirrinín** que sentimos cuando algo ocurre, sino que nos permiten **anticipar** ese algo y **evaluarlo**. Este sistema se activa ante estímulos que son reforzantes en sí mismos por tener **relevancia biológica** (como la comida o el sexo) y que conocemos como **refuerzos primarios**, pero también ante otros a los que nosotros mismos hemos asociado un **valor reforzador** (como el dinero) y que conocemos como **refuerzos secundarios**. Además, sabemos que nuestro cerebro funciona de manera muy similar ante el dinero, por ejemplo, a como lo hace ante información social relevante, activando una red cerebral que incluye el **núcleo accumbens** (que hemos visto previamente), la **corteza prefrontal ventromedial** y el **área tegmental ventral**, un núcleo del cerebro **donde se produce dopamina**. No me interesa que te quedes con los nombres, sino que te quede claro que, por lo que sabemos, **estímulos reforzadores de diferente naturaleza se procesan a nivel cerebral de manera similar**.

¿Y qué ocurre con el like? Lauren Sherman, psicóloga de la Universidad de Temple, en Filadelfia, lleva años intentando contestar esa pregunta. El *like* es un ejemplo de reforzador secundario, ya que ha adquirido su valor reforzante **a través del aprendizaje y la expe-**

riencia, siendo asociado a algo **intrínsecamente gratificante** como la aceptación de los demás, **un *feedback* positivo** por su parte. Para conocer qué ocurre en el cerebro cuando damos y recibimos likes en plataformas como Instagram, Lauren Sherman diseñó un experimento muy sencillo. Le pidió a un grupo de adolescentes y adultos jóvenes que se metiesen en una máquina de resonancia magnética **mientras navegaban por una plataforma virtual muy similar a Instagram**. Una vez dentro, expuso a los participantes a una serie de fotografías, pidiéndoles que **diesen like** siguiendo el criterio que seguirían en una red social. Además, les presentó fotografías suyas acompañadas de un número de likes, **asignados aleatoriamente por el equipo de la investigación.**

En primer lugar, en una serie de experimentos, la investigadora encontró que los participantes tendían a dar like a publicaciones que ya mostraban **un número elevado de «me gusta»**, frente a otras menos populares. Además, los circuitos de recompensa del cerebro, así como regiones implicadas en el procesamiento de información social, mostraban mayor activación ante las publicaciones más populares (8, 9). En experimentos posteriores, Sherman encontró que las mismas regiones que se activaban cuando los participantes recibían likes mostraban también un aumento de su activación cuando eran ellos quienes daban like a publicaciones de otras personas. Además, la activación de esas regiones al dar like no se podía explicar exclusivamente por las características visuales o artísticas de la foto, **sino por el hecho en sí de dar *feedback*.** Estos resultados sugieren que las regiones que participan en el refuerzo del like son las mismas que se activan cuando hacemos contribuciones económicas o **proveemos de apoyo social a otras personas.**

Pero... **¿cuál es el sentido de que dar like sea reforzante?** De acuerdo con la investigadora, dar *feedback* positivo a los demás acerca de su actuación podría contribuir a **forjar nuevas relaciones sociales o a reforzar vínculos**, favoreciendo conductas prosociales entre las partes implicadas, lo que podría haber tenido cierta relevancia para nuestra supervivencia en el pasado.

Y aquí es donde entra en juego nuestro grupo estrella para el estudio de las consecuencias cerebrales del uso de las redes sociales: **los adolescentes**. Nos interesan, especialmente, por dos razones. La primera, por ser una etapa del desarrollo en la que **el grupo social de iguales juega un papel especialmente relevante**, participando de modo activo en el establecimiento de nuestra personalidad. En segundo lugar, porque se trata de **un periodo sensible del desarrollo cerebral**, siendo las generaciones más recientes (milenials y zetas) las primeras en la historia que han visto las redes sociales virtuales como un contexto más de socialización.

¿Por qué son tan importantes los adolescentes?

Ay..., la adolescencia. **¿Quién no recuerda con cariño esos años de autodescubrimiento?** Pues mira, yo, personalmente, no. ¿Cariño? Desde luego, no pagaría por revisitarlos. Menuda tortura. **Lleno de granos, rayadas, discusiones...** Además de una audiencia imaginaria impresionante, que está totalmente pendiente de todo lo que digas, hagas e incluso pienses. Di tú que tampoco es que yo sea ahora una persona curtida, extremadamente madura y **muy alejada de esa etapa**. Desde luego, las rayadas continúan y algún que otro grano aparece de vez en cuando.

Pero, bueno, aunque esta etapa no sea precisamente santo de mi devoción, creo que es imprescindible explicar algunas de sus características para entender bien las siguientes secciones. Para hacerlo simple y rápido, te lo explico con puntitos:

- La adolescencia es un periodo del desarrollo del ser humano **clave para el establecimiento de la personalidad**. Durante esta etapa vivimos cambios de contexto y de roles, así como nuevas experiencias que contribuyen de manera relevante a **nuestra historia vital**.

- Durante la adolescencia, el grupo de iguales y amigos va ganando relevancia **en detrimento del grupo familiar**. Así, durante la adolescencia somos más sensibles tanto a la aceptación como al rechazo social, así como a las comparaciones con personas de nuestros grupos (10).

- La adolescencia es un periodo de **explosión hormonal y de desarrollo de características sexuales**. Este torrente hormonal influye a nivel cerebral, siendo las **estructuras límbicas**, implicadas en la **regulación emocional**, la motivación, la gratificación y en la sensibilidad ante **estímulos sociales** y emocionales, **más sensibles** que otras a los efectos de hormonas sexuales.

- Durante la adolescencia, existe un **desequilibrio** en la maduración de diferentes regiones cerebrales: las estructuras límbicas alcanzan la maduración antes que las regiones frontales y prefrontales del cerebro, implicadas en **aspectos de control e inhibición de impulsos, planificación u organización**. Por tanto, cuando somos adolescentes, **somos más sensibles a las gratificaciones a corto plazo**. Esos estímulos se perciben como más salientes, favoreciendo la gratificación inmediata frente al **aplazamiento de gratificaciones a largo plazo**. Esto nos conduce a llevar a cabo conductas de búsqueda de novedad y refuerzo, haciéndonos proclives a tomar decisiones de riesgo, especialmente si hay un componente social de por medio (11).

- Por sus características, la adolescencia es un periodo extremadamente relevante para el desarrollo de alteraciones psicológicas. Se estima que **el 76,5 % de los adultos con un trastorno mental recibe el diagnóstico antes de los 18 años** y que el 57,7 % lo hace antes de los 15 años (12).

- Existe evidencia robusta de que experimentar situaciones traumáticas en la infancia y adolescencia **sienta las bases para desarrollar algún trastorno mental en la adultez**. Estas situaciones incluyen el *bullying*, el abuso emocional, la negligencia física, la pérdida paterna y el maltrato generalizado. Además, a mayor exposición a estas circunstancias, mayor riesgo de desarrollar un trastorno mental en la adultez, de modo que las personas expuestas a múltiples formas de maltrato tienen **hasta tres veces más probabilidad de desarrollar un trastorno mental** que aquellas que no lo han sufrido (13).

Espero que estos puntos sirvan para dejar claro por qué la adolescencia es un periodo tan relevante y que debemos tener en cuenta necesariamente a la hora de considerar los efectos de las redes sociales.

Consecuencias del uso de redes sociales a nivel cerebral

En contra de lo que podría decir tu tía Loli, la de Cuenca, que probablemente asegure que las ondas del wifi nos dejan tontos, todavía queda mucho por saber acerca de **los efectos de las redes sociales en nuestro cerebro y conducta**. Esto se debe a que las redes sociales son un fenómeno relativamente reciente. Por tanto, las consecuencias del uso de estas apps a largo plazo no solamente no podemos conocerlas por ahora, sino que, para ello, **necesitaremos estudios longitudinales**, que nos permitan estudiar la existencia de cambios con el paso del tiempo. A pesar de esto, algunas investigaciones ya nos proporcionan una primera aproximación a los efectos de algunas variables relacionadas con el **abuso digital**, como el **tiempo que pasamos delante de las pantallas**, en poblaciones como adolescentes.

Un ejemplo es la revisión de Laura Marciano, investigadora del Instituto de Salud Pública de Suiza, publicada en 2021, que se dedicó a estudiar **las asociaciones entre el tiempo de uso de pantallas y el desarrollo del cerebro adolescente** (11). Con el objetivo de indagar más en el tema, elaboró una rigurosa revisión de los estudios publicados que habían estudiado esta asociación con resonancia magnética. **¿Y qué encontró?**

En primer lugar, que el consumo prolongado y frecuente de contenido multimedia en pantallas se relaciona con **un control cognitivo menos eficiente en la adolescencia.** El **control cognitivo** es un término que usan las neurocientíficas para referirse de manera global a la **capacidad de guiar nuestra conducta de acuerdo con nuestras metas** y objetivos, incluyendo funciones como la atención sostenida y el control de impulsos. Como comentamos en la sección anterior, los sistemas cerebrales que sustentan este control cognitivo **están en pleno desarrollo en la adolescencia** y alcanzan su maduración alrededor de los 25 años. Pues bien, la investigación parece sugerir que los adolescentes que pasan más tiempo frente a las pantallas muestran una conectividad reducida entre las regiones cerebrales que sustentan ese control, **incluyendo las redes atencionales.** La inmadurez de las conexiones entre estas estructuras se relaciona con cierta incapacidad de sostener la atención durante periodos prolongados de tiempo, **así como de controlar nuestros impulsos**.

La segunda conclusión es que las actividades online suponen un estímulo **extremadamente reforzante a nivel cerebral.** De este modo, **el uso prolongado y frecuente de pantallas puede reforzar la tendencia a la búsqueda de refuerzos a corto plazo**, característica inherente de la adolescencia. Además, debemos recordar que los mecanismos cerebrales ante un refuerzo social son muy similares a los que se activan ante otro tipo de refuerzos, como el monetario (dinerinchi). Por tanto, **recibir un like no es moco de pavo a nivel de activación de los circuitos de recompensa de nuestro cerebro**. Esto lleva, por una parte, al establecimiento de ciertos **lazos de apego o vinculación** con la identidad y comunidad en la red social. Por otro lado, esa gratificación sesga la atención de la persona, **dirigiéndola hacia los estímulos relacionados con la red social y el *feedback* social presente en la misma**. Bajo estas circunstancias, el consumo de redes sociales puede acabar reduciendo la intensidad de estados de ánimos desagradables, de modo que su uso compulsivo puede acabar consolidándose como una estrategia de afrontamiento ante situaciones estresantes (11).

Basándonos en estas dos primeras conclusiones, podríamos decir que, si en la adolescencia ya encontrábamos una **falta de equilibrio en la maduración de los dos sistemas** (cognitivo/ejecutivo y emocional/motivacional), el uso excesivo de redes sociales podría **retrasar un poquito más** esa maduración e inclinar la balanza del lado de la impulsividad y la búsqueda de refuerzo inmediato.

La tercera conclusión que se extrajo de este estudio es, probablemente, la más relevante: **la investigación en este campo es escasa**, ya que todos los estudios revisados se realizaron entre 2011 y 2020. Además, se defiende algo importantísimo: la necesidad de estudios longitudinales que evalúen los cambios que pueden ocurrir en diferentes grupos de personas con el paso del tiempo.

En conclusión: tenemos algunas pistas acerca de las consecuencias del uso de redes sociales en nuestro cerebro, aunque para conocerlas con detalle necesitamos mucha más investigación.

Pero... **¿qué sabemos acerca de los efectos de las redes sociales en nuestra salud mental?**

Redes sociales y salud mental

¿Crees que el uso de redes sociales comporta efectos negativos en nuestra salud mental?

Si me hubiesen hecho esta pregunta antes de ponerme a leer acerca del tema, diría, **sin ningún tipo de duda**, que sí. Ahora mismo, unos cuantos meses después, soy más precavido y me limito a un **«muy probablemente»**. Mis reservas se fundamentan no en mi percepción del asunto, sino en lo que creo que puede asegurarse con tan poca investigación en el tema. A esto hay que sumar la dificultad de determinar qué queremos conocer. Es decir, no se trata de que en este campo no se encuentren respuestas, sino de que, tal vez, **no se estén formulando las preguntas adecuadas**.

La cuestión es esta: **¿qué nos interesa medir del consumo de redes sociales?** A la mayor parte de las investigadoras, como a nuestra amiga Marciano, del apartado anterior, les interesa una variable concreta: **el tiempo de uso**. Y aquí te presento una pequeña controversia y disputa entre investigadoras.

Las primeras investigaciones en el campo de las redes sociales y salud mental se centraron en estudiar si pasar más tiempo en redes sociales **se relacionaba con un peor estado psicológico**. Algunas de ellas, efectivamente, encontraban **asociaciones moderadas** entre el tiempo de uso de redes y medidas de ansiedad y depresión, tras comparar grupos de personas que mostraban un elevado tiempo de uso de redes con otros grupos que invertían menos tiempo en estas plataformas. Por ejemplo, un metaanálisis publicado en 2020 (14) encontró una pequeña asociación entre el **tiempo de uso de redes sociales y la presencia de síntomas depresivos en adolescentes entre 11 y 18 años**. Sin embargo, las propias autoras del estudio ponen de relieve una cuestión central en este campo de investigación. El diseño de la mayor parte de los estudios (llamado **diseño transversal**) no nos dice absolutamente nada acerca de la causa de ese malestar psicológico o de la dirección de la relación **tiempo de uso-salud mental**.

¿Las personas tienen un mal estado psicológico por pasar mucho tiempo en redes? O, a la inversa, **¿las personas que tienen un peor estado psicológico tienden a usar más las redes que aquellas que no?** Estas preguntas no se pueden contestar con el diseño de la mayoría de los estudios realizados hasta la fecha. Por tanto, se ha hecho necesario contar con investigaciones que estudien qué pasa en diferentes grupos de personas con el paso del tiempo. **Estamos hablando de los estudios longitudinales.**

Un ejemplo es el estudio de Sarah Coyne y sus colegas, publicado en 2020, el cual buscaba **estudiar la asociación entre el tiempo de uso de redes sociales y los problemas de ansiedad y depresión** (15). A diferencia de estudios anteriores, las investigadoras utilizaron un diseño longitudinal, es decir, estudiaron esta asociación durante un periodo de **8 años en una muestra de 500 adolescentes, con edades comprendidas entre los 13 y 20 años**. La diferencia de este diseño con respecto al transversal es que **compara a**

cada persona consigo misma a lo largo del tiempo, no con otras personas de otro grupo, de modo que permite prestar atención a su trayectoria individual, a su evolución en el tiempo. Entre otros resultados, las investigadoras encontraron que el **tiempo de uso de redes sociales no estaba significativamente asociado con las medidas de ansiedad y depresión registradas** durante el periodo del estudio. Así, se encontró que, a nivel individual, los aumentos en tiempo de uso de redes **no causaban un empeoramiento del estado psicológico**; tampoco los descensos en el primero provocaban mejoras en el segundo. Por tanto, las autoras concluyeron que **el tiempo de uso de redes sociales no es necesariamente indicativo de problemas de salud mental**.

Los resultados del estudio de Coyne aportan una duda razonable a la causalidad del problema de las redes sociales y la salud mental, indicándonos que, **como siempre**, con toda probabilidad, **el problema es mucho más complejo e incluye otros muchos factores**. Los problemas de salud mental son multifactoriales y para estos no es frecuente encontrar una única causa. En esta línea, los resultados de una revisión sistemática publicada en 2020 sugieren que las consecuencias del uso de redes sociales en la salud mental **están lejos de conocerse** (16). A pesar de que algunos estudios revelan que las redes pueden tener efectos en nuestro estado de ánimo a corto plazo (**¡cuidado!, tanto positivos como negativos**), los resultados son confusos cuando nos intentamos movernos más allá. Además, gran parte de los estudios se centran en los síntomas depresivos y de ansiedad, dejando de lado otros cuadros muy relevantes **como los trastornos de la conducta alimentaria**.

TODO LO QUE
CONFORMA UN

HISTORIA PERSONAL
CONTEXTO
SOCIOCULTURAL
ASOCIACIONES
BIOLOGÍA
ESQUEMAS MENTALES
GENÉTICA
ANTECEDENTES FAMILIARES
EDUCACIÓN
DE SALUD MENTAL

@C NEURONACHO
DOMMCOBB

Una de las críticas más frecuentes a las redes sociales es que promueven **la difusión de ideales de belleza inalcanzables**: cuerpos delgados, vigorosos, perfectos. Es decir, ver un michelín en Instagram es parecido a ver una estrella fugaz. **¡Pide un deseo!**

La influencia de las redes en las actitudes hacia la comida, la imagen corporal o los trastornos de la conducta alimentaria **también ha sido investigada**, arrojando resultados interesantes. Por ejemplo, una revisión sistemática publicada en 2019, que incluía 26 estudios y a más de once mil participantes, encontró que tanto el **uso de redes sociales como la exposición a contenido en el que la imagen corporal es la protagonista están asociados con una mayor insatisfacción corporal y mayor tendencia a iniciar dietas restrictivas** (17). Mientras que otros estudios revelan resultados similares, nos encontramos de nuevo con un escaso número de estudios longitudinales que nos permitan conocer la dirección de la relación. Es decir, la pregunta es la misma que en el caso de la depresión: **¿las personas con mayor malestar con su imagen corporal tienden a hacer un uso más abusivo de las redes sociales o son las redes sociales las que causan este malestar con la imagen corporal?**

A este respecto, un reciente metaanálisis de estudios transversales y longitudinales de hasta dos años de duración sugiere que la exposición en redes sociales a fotografías que muestran apariencias físicas ideales presenta un efecto negativo moderado sobre la satisfacción con la imagen corporal (18). Además, estas imágenes tienen un impacto más dañino que otras que muestran apariencias físicas no consideradas como ideales. Por último, se encontró una relación negativa muy pequeña, aunque significativa, entre el uso de redes sociales y la alteración de la imagen corporal. Pese a que quede mucho por investigar, **estos resultados podrían desafiar la creencia de que el uso de las redes altera la satisfacción con la imagen corporal**, algo que debe darnos mucho que pensar.

Si te digo la verdad, sin ser un experto en el tema, creo que parte de la confusión en este asunto puede venir de que la investigación esté focalizándose en el tiempo de uso como **la variable más relevante en el estudio de las redes sociales**. De acuerdo, sin duda tiene sentido pensar que, a mayor tiempo de uso de redes, mayor daño o beneficio se podría derivar de las mismas. Sin embargo, ya que la investigación no arroja resultados concluyentes para esta variable, cabría preguntarse... **¿y si hay algo más?**

Por ejemplo, se me ocurre que tal vez la clase de contenido que consumamos o, incluso, la plataforma que utilicemos. Siguiendo este planteamiento, las nuevas investigaciones están enfocándose en nuevas variables. Es el caso del metaanálisis de Simone Cunningham y sus colegas, publicado en 2021 (19), que estudió la relación entre síntomas depresivos y tres variables de uso de redes sociales: **el tiempo de uso, su intensidad y el uso problemático**. Mientras que la intensidad de uso de las redes hace referencia a una conexión emocional con la red social, así como a su grado de integración en la vida de la persona, **el uso problemático vendría a reflejar las características psicológicas de toda adicción**, como la tolerancia, la dependencia y la abstinencia.

El estudio de Cunningham reveló que **solo el uso problemático de redes sociales se relacionaba moderadamente con los síntomas depresivos**, mientras que las asociaciones de estos con el tiempo de uso o su intensidad eran muy bajas y, en sus palabras, *con pocas implicaciones clínicas*.

Los resultados de estas investigaciones muestran que tal vez sea hora de empezar a desplazar el foco del tiempo de uso de las redes sociales a **otras variables más interesantes**. Además, señalan algo superimportante, como que **pasar mucho tiempo en redes sociales no tiene por qué reflejar un uso problemático de las mismas o un proceso de adicción**.

Adicción a las redes sociales

La corta trayectoria de las redes sociales impide un consenso entre investigadoras acerca de la etiqueta diagnóstica de **adicción a las redes sociales**, existiendo mucha disparidad entre los resultados de los diferentes estudios. Para que te hagas una idea, un metaanálisis publicado en 2021, destinado a estudiar la prevalencia de la adicción a las redes sociales en 32 países, encontró que las prevalencias reportadas oscilaban en un rango entre **el 0 % hasta el 82 %** (20). **¿Qué quiere decir esto?** Pues indica varias cosas. La primera, que el problema de la adicción a las redes sociales es **muy heterogéneo**, incluyendo diferentes grados de severidad de los síntomas. En segundo lugar, los resultados señalan que la manera de diagnosticar este fenómeno también varía mucho, existiendo **criterios más o menos estrictos** que pueden llevar bien a un infradiagnóstico o a un sobrediagnóstico del problema. Por último, los resultados ponen de relieve **una gran variabilidad entre culturas**; por ejemplo, se encontró que la prevalencia de la adicción a redes sociales era el doble en regiones colectivistas (por ejemplo, China) que en regiones tradicionalmente consideradas como individualistas (por ejemplo, Estados Unidos).

La gran cuestión aquí es que no tenemos unos criterios bien establecidos para este tipo de adicción. Es decir, **la adicción a las redes sociales no existe, actualmente, como un diagnóstico de trastorno mental**. Sin embargo, algunas investigadoras consideran que el uso compulsivo y abusivo del teléfono móvil e internet puede considerarse como un subtipo de lo que conocemos como **adicciones sin sustancia**. De acuerdo con esta visión, podríamos encontrarnos ante un caso de adicción a las redes sociales en caso de darse los siguientes fenómenos:

1. Preocupación y pensamientos frecuentes acerca de las redes sociales y sus contenidos.
2. Utilización de redes sociales para reducir emociones desagradables.
3. Tolerancia: necesitar cada vez más tiempo de consumo o un consumo más intensivo de redes sociales para obtener un nivel de placer similar al inicial.
4. Abstinencia: malestar cuando no se puede acceder a las redes sociales.

5. Incapacidad de controlar el uso de redes sociales, existiendo múltiples intentos y fracasos de reducir o cesar su uso.

Que las interacciones sociales sean reforzantes tiene todo el sentido del mundo. Al fin y al cabo, durante nuestra evolución, sobrevivía quien **mejor supiese refugiarse en el grupo** y contar con él para hacer frente a las adversidades. En este punto, si queremos hablar de la adicción a las redes sociales, tenemos que tener en cuenta que los mecanismos cerebrales implicados en los procesos de recompensa y gratificación son **los mismos que subyacen a los procesos adictivos**. En esta línea, la psiquiatra norteamericana Anna Lembke, autora del libro *The Dopamine Nation*, defiende que las redes sociales **son como cualquier otra droga** (1). Así, las redes sociales serían una lupa que se aprovecha de mecanismos que traemos incorporados tras años de evolución, en este caso los ligados a la interacción social, magnificando la gratificación que experimentamos después de su uso.

Aquí yo digo que tengamos cuidado. Más que una droga, creo que es más correcto decir que las **redes sociales tienen un elevado potencial adictivo**, como multitud de estímulos que disparan nuestros circuitos de recompensa. Pero las redes sociales **no son adictivas** *per se*, aunque su uso pueda convertirse en patológico en unos contextos determinados.

Beneficios de las redes sociales

Mi objetivo no es demonizar las redes sociales. En absoluto. Sin embargo, sí creo que son un fenómeno que ha llegado de una manera tan arrolladora e imparable **que no nos ha dado tiempo** a estudiarlo suficientemente. Solo dentro de unos años podremos ver si las redes sociales han modificado aspectos sustanciales de nuestro funcionamiento **psicológico y cerebral**.

Sin embargo, a las redes sociales también podemos reconocerles algunos beneficios. Al fin y al cabo, suponen **una herramienta más de comunicación**. Sí, *nueva* y *diferente* si la comparamos con los medios que podían tener nuestros abuelos. Pero, recordemos, *nuevo* y *diferente* **no son sinónimos** de *malo* o *perjudicial*. Afortunadamente, algunos estudios ya se han centrado en los beneficios y riesgos del uso de redes sociales en lo referente a sus **consecuencias en la salud mental** (21). Aquí te dejo algunos de los que se han propuesto, acompañados de una posible contraargumentación:

- **Promover la interacción y conexión social en comunidades virtuales.** Por el contrario, hay quien propone que la conexión virtual está desplazando a la interacción en vivo, aislándonos y desconectándonos del contexto. Un ejemplo es el llamado *phubbing*, que consiste en ignorar a una persona con la que estás hablando en persona por estar mirando el móvil. ¿Lo has hecho o te lo han hecho alguna vez?

- Vivir una experiencia online personalizada gracias a algoritmos diseñados para crear una **experiencia reforzante en la que abunden materiales que nos interesan**. Esto puede ser extremadamente útil, si lo usamos a nuestro favor. Sin embargo, algunos expertos consideran que proporcionar exclusivamente contenidos personalizados, siempre en la línea de las ideas del usuario, sin presentar visiones alternativas, puede favorecer la polarización social.

  Ser una fuente de apoyo social, sirviendo de base para crear comunidades virtuales en las que compartir experiencias y conocimientos. Diferentes estudios muestran que las redes sociales pueden ayudar a reducir la sensación de soledad en personas con alteraciones psicológicas incapacitantes, a través de la formación de nuevas relaciones con personas en situaciones similares (21). Del mismo modo, las redes sociales podrían tener efectos positivos en el bienestar de personas pertenecientes a colectivos minoritarios, aunque también se describen potenciales estresores y efectos perjudiciales asociados.

• Difusión de información, **concienciación** y activismo social.

En definitiva, las redes sociales **no son intrínsecamente perjudiciales**. Sin embargo, por su corta historia y crecimiento expansivo, es muy probable que no hayamos desarrollado las estrategias y herramientas para conocer en qué consiste un uso **sano y responsable de las mismas**. Es muy posible que las redes sociales hayan venido para quedarse, por lo que la actitud más funcional y adaptativa, muy probablemente, será no renegar de ellas y **aprender a utilizarlas**.

Yo te he planteado la controversia y unas preguntas. Es tu papel ahora generarte nuevas preguntas y, en la medida de lo posible, **construir tus propias respuestas**.

CAPÍTULO 4

Este capítulo se escribió escuchando, entre otras canciones, «Dónde estabas tú», de Vega con Iván Ferreiro, y el repertorio de Alizzz.

SALUD MENTAL

- Al menos 1 de cada 4 personas sufrirá un problema de salud mental a lo largo de su vida (1).
- El suicidio es la principal causa de muerte no natural en los jóvenes de entre 18 y 29 años en España (2). Se estima que alrededor de 11 personas se suicidaron al día en España en el año 2020. A fecha de febrero de 2022, España no cuenta con un plan nacional de prevención del suicidio.
- La depresión es la principal causa de baja laboral (3) en el mundo.
- En el momento en el que se escribe este libro, España cuenta con 4 veces menos psicólogos clínicos (4) por cada 100.000 habitantes que la media europea recomendada por especialistas.

«Se estima que una de cada cuatro personas sufrirá algún problema de salud a lo largo de su vida y que estos constituirán la principal causa de discapacidad en el mundo en el año 2030».

Así comenzaba el vídeo titulado *#YoVoyAlPsicólogo* que subí a mi Instagram @neuronacho el 6 de septiembre de 2020. Mi trayectoria como divulgador hasta ese momento, había estado centrada **exclusivamente en el campo de la neurociencia**, en temas como la percepción musical, síndromes neuropsicológicos, la enfermedad de Párkinson y las bases cerebrales del orgasmo. Sin embargo, hasta ese vídeo no me había lanzado a hablar acerca de un tema que consideraba muy relevante: **la salud mental**. Mi objetivo era proporcionar una serie de claves para saber identificar cuándo estamos cayendo en el **estigma** cuando hablamos de salud mental. Finalmente, la idea era recordar a mis seguidores que **debemos luchar de manera activa** para que el Sistema Nacional de Salud incorpore una atención en salud mental de calidad.

Lo que sucedió con ese vídeo fue algo que no esperaba en absoluto y por lo que, sin embargo, **estoy tremendamente agradecido**.

¿Por qué te cuento esto?

Detrás de los comentarios de ese vídeo no me encontré a personas pertenecientes a una generación individualista, egoísta y desapegada, como, con frecuencia, **se suele describir a la nuestra**. Al contrario, la gente parecía estar interesada en conocer más acerca de las variables que influyen en su bienestar. Sobre todo, a la gente le interesaba saber **cómo poder ayudar**, en su día a día, con sus gestos, palabras y acciones, a personas que experimentan **malestar psicológico**. Ahí tuve la sensación de que conceptos como el de salud mental o estigma parecían interesar más a los milenials que a otras generaciones anteriores, como las de nuestras madres y abuelas.

A ver cómo explico esto. Obviamente, **no quiero decir** que nuestras madres y abuelas no se hayan preocupado por estos temas. En absoluto. Pero creo que, en su juventud las cuestiones relativas a la salud mental y al estado psicológico estaban rodeadas de una mezcla de **misticismo, ignorancia, estigma y tabú**. En general, y esto es percepción mía, el sufrimiento psicológico estaba más invisibilizado, siendo entendido más como una señal de debilidad, incluso como una falta de fe (en Dios o en la vida), que como un problema de salud.

Detrás de la divulgación en salud mental suele haber buenas intenciones, aunque **no siempre se han transmitido los mensajes más adecuados**. En demasiadas ocasiones se prima que el mensaje tenga impacto, por encima de la precisión científica, lo cual, especialmente en materia de salud mental, **es problemático**. Además, el cambio de actitud y de conducta no se logra con un vídeo de unos minutos, por mucho que nos esforcemos en transmitir un mensaje de manera eficiente. Por tanto, antes de nada, creo que tenemos que aclarar algunos conceptos. Empezando por el de **salud mental**.

Porque sí. Reconozcámoslo. Se nos llena la boca hablando de *salud mental*, pero... **¿alguien sabe qué es eso?**

Salud mental, ¿eso se come?

Desde hace un par de años, las redes sociales se han inundado con **multitud de campañas y mensajes** a favor de promover la salud mental, llegando a los medios de comunicación convencionales como la televisión y la radio. La llegada del SARS-CoV-2, acompañada de los sucesivos confinamientos y la consecuente ruptura de la vida cotidiana tal y como era conocida hasta entonces, ha agudizado **problemas psicológicos preexistentes y agravado el estado mental** de millones de personas en todo el mundo (5, 6). Por esa razón, habrás escuchado en diversas ocasiones desde marzo de 2020 que, si la primera pandemia ha sido la del COVID-19, **la segunda será la de los trastornos mentales**. Pero, para hablar de problemas mentales, deberíamos tomar antes cierta perspectiva, **adquirir cierto contexto**.

Es al aproximarnos a definir qué es la salud mental cuando nos damos cuenta de que, con mucha probabilidad, **no tengamos ni idea de qué estamos hablando**. Bueno, el problema en realidad es que no hay **única respuesta a esa pregunta**, ni tampoco una sola manera de abordarla. Para intentarlo, recurriremos a la definición general de salud que nos proporcionó la Organización Mundial de la Salud en 1948:

«La salud es un estado de completo bienestar físico, mental y social, y no solamente la ausencia de afecciones o enfermedades» (7).

La intención de esta definición es la de dotar de **amplitud** al concepto de salud, históricamente limitado tradicionalmente a la salud física. Entra ahora en juego algo determinante: **el estado psicosocial del individuo**. Aunque esta definición ha sido criticada por limitaciones más que evidentes, nos sirve para mostrar un ejemplo de aproximación que reconoce la relevancia del componente **psicológico** en nuestra salud.

Siendo entonces el psicológico un campo clave a la hora de hablar de salud, cabe preguntarse en qué punto una alteración a nivel psicológico es ***normal o anormal***.

En medicina se puede establecer con relativa claridad cuándo un determinado fenómeno forma parte de la normalidad **o se aleja de ella**, contando no solamente con el testimonio de la persona, siempre de gran relevancia, sino también con numerosas pruebas objetivas. Estas pruebas objetivas nos permiten identificar alteraciones en el funcionamiento de diferentes **sistemas de nuestro cuerpo**, y a ellas podemos remitirnos para determinar si hay algo fuera o dentro de la normalidad. Así, por ejemplo, los análisis hematológicos permiten corroborar si la **concentración de determinados compuestos en sangre** se encuentra dentro de los parámetros adecuados para el correcto funcionamiento del organismo. Los hallazgos de estas técnicas se interpretan acompañados de información clínica, es decir, de la **manifestación de esas alteraciones**, por ejemplo, en forma de dolor, fiebre, cansancio, vómitos, alteraciones de conducta, etc. En función de estas variables, y teniendo en cuenta el grado en el que estas interfieren en la vida diaria de la persona, se estima un pronóstico del cuadro y se valoran **los riesgos y beneficios** de implantar un tratamiento.

Pero **¿se sigue este mismo proceso en el caso de las alteraciones psicológicas? ¿Qué ocurre con los llamados *trastornos mentales?***

Hay varios factores que hacen que el terreno de la salud mental, **atendido por la psicología clínica y la psiquiatría**, tenga unas características propias bastante diferenciadas del resto de ramas biomédicas. En primer lugar, a diferencia de otras ramas de la medicina, como la oncología o la cardiología, **no contamos** con marcadores biológicos objetivos bien establecidos que nos permitan evaluar nuestro objeto de estudio, en nuestro caso **el estado psicológico y la conducta.** Por ejemplo, no podemos hacer un análisis de sangre y determinar que una persona tiene depresión. Tampoco podemos, para desgracia de los más entusiastas, diagnosticar un trastorno mental en base a una imagen del cerebro. Esto es así porque **los problemas psicológicos** son, por definición, **problemas en la relación de una persona con su entorno.** Por esta razón, en salud mental son especialmente relevantes **la historia clínica y el contexto de la persona,** sin las cuales no podríamos hacernos una idea de la situación del individuo. Estas variables son importantes para que podamos hablar del punto en el que un determinado patrón de conductas, **emociones o pensamientos puede constituir un trastorno.** En tanto que existe esta influencia determinante del entorno, cuando hablamos de conductas, la línea entre *normal* y *no normal* se vuelve más difusa que nunca.

Los límites entre la normalidad y la anormalidad

«"Trastorno mental" y "normalidad" son conceptos extremadamente proteicos, tan amorfos, heterogéneos y cambiantes que resulta imposible establecer límites fijos entre ambos. Generalmente, las definiciones de trastorno mental requieren la presencia de desconsuelo, discapacidad, disfunción, descontrol y/o desventaja [...]. ¿Cuánto desconsuelo, discapacidad, disfunción, descontrol y desventaja tiene que haber y de qué tipo? He revisado docenas de definiciones de trastorno mental (y yo mismo he escrito una en el DSM-4), pero no he encontrado ninguna que sea mínimamente útil para determinar qué condiciones deberían considerarse trastornos mentales y cuáles no, o para decidir quién está enfermo y quién no» (Frances, 2014, p. 37).

Allen Frances es un prestigioso psiquiatra, catedrático emérito del Departamento de Psiquiatría y Ciencias del Comportamiento de la Duke University School of Medicine, Carolina del Norte. Frances fue el presidente del grupo de trabajo del DSM-4, el *Manual diagnóstico y estadístico de los trastornos mentales*, que intenta ser **una recopilación de trastornos mentales**, incluyendo descripciones y criterios diagnósticos de los mismos. En su libro *¿Somos todos enfermos mentales?*, Frances realiza una **contundente crítica al sistema diagnóstico** que él mismo ayudó a elaborar, advirtiendo de los peligros de patologizar fenómenos psicológicos que forman parte de la normalidad, **convirtiéndolos en trastornos**. Además, Frances denuncia la escasa fiabilidad de los criterios diagnósticos para distinguir lo *normal* de lo *anormal* (8).

De la crítica de Frances se desprende algo clave en salud mental: lo adaptativos o funcionales que resulten unos pensamientos, emociones o conductas depende del contexto en el que nos movamos. **Exactamente los mismos fenómenos pueden ser tildados de *normales* o *adecuados* en un contexto y de *anormales* o *exagerados* en otro.** Así, por ejemplo, la conducta de lavarse las manos con mucha frecuencia e intensidad por temor a contraer una enfermedad potencialmente mortal no se evaluaría de la misma manera antes que después de la pandemia del COVID-19. Mientras que esa conducta podría resultar funcional en el contexto pandémico, antes es muy probable que fuese considerada como una conducta compulsiva, tal vez parte de un trastorno obsesivo-compulsivo. Un ejemplo de la importancia del contexto en salud mental la encontramos en el DSM, en el que se establece el siguiente criterio como fundamental para poder realizar una gran variedad de diagnósticos:

———— ✳ ————

«Los síntomas causan malestar clínicamente significativo o deterioro social, laboral o de otras áreas importantes del funcionamiento cotidiano».

En otras palabras, **los síntomas trastornan tu vida**.

Pero este entendimiento de la salud mental está cambiando. Actualmente, construyendo sobre diferentes corrientes filosóficas y, probablemente sin saberlo, la generación milenial cuestiona que el funcionamiento laboral pueda utilizarse como referencia para separar la conducta normal de la anormal. Por ejemplo, poniendo el énfasis en la importancia del entorno, surgen preguntas como...

¿Qué se considera *normal* o *saludable* en un entorno que prima la productividad por encima de la conservación de la salud?

¿Por qué asumimos que somos nosotros los que enfermamos dentro de un contexto que integramos como neutro o saludable?

—————— ✳ ——————

Me pregunto yo... ¿por qué el diagnóstico de depresivo me lo llevo yo si no puedo funcionar en mi trabajo? ¿Por qué no diagnosticamos a mi trabajo como depresógeno si no me ofrece las condiciones para vivir de manera digna, sin experimentar estrés de manera crónica? ¿Por qué partimos de que lo normal es aquello que me permite trabajar mejor? ¿No será que igual estamos hablando de cosas distintas?

La generación de cristal: si son unos privilegiados, ¿de qué se quejan?

La **expresión del malestar** y una **marcada falta de tolerancia a la frustración** son dos características principales de lo que se ha dado a conocer en las últimas décadas como **generación cristal** o **generación de cristal**.

Pero ¿de dónde viene este término? **¿En qué se fundamenta?**

El término *generación cristal* fue acuñado por Montserrat Nebrera, filósofa catalana, en la década de 2010. Nebrera hace referencia a la **generación de nativos digitales**, partícipes de un mundo frenético y rebosante de información que, puntualiza, «no implica conocimiento, que menos aún sabiduría» (9). La **generación cristal** habría nacido en la cumbre del estado de bienestar, que proporciona recursos y servicios que se perciben como conquistas irreversibles.

Según la autora, sobre la generación cristal se acumulan **las crisis de los modelos económicos**, así como el miedo a una vida carente de sentido (9). Para Nebrera, esta generación es cristal también por **transparente**. Sin embargo, este puede estar empañado por la presión de la inmediatez, del anhelo por ver sus sueños cumplidos cuanto antes. **El ansia de éxito inmediato** hundiría sus raíces en la exposición a figuras públicas, menciona ella a youtubers, influencers, modelos o cantantes, de cuya carrera **solamente se percibe el éxito**, y no sus fracasos. De acuerdo con la filósofa, ver al que ha vencido, y solo a él, puede abocar al resto a la frustración. «Rabia contra el mundo, contra la propia mala suerte, contra la carencia de las dotes necesarias...» (9).

Pues qué quieres que te diga, Montserrat Nebrera. **Chapó.** Porque dices cosas muy interesantes sobre las que creo que vale la pena reflexionar. Sin embargo, creo que también hay muchos matices a algunas de las afirmaciones que haces.

En primer lugar, creo que, cuando se habla de las características de la generación de cristal, en realidad no se habla de **unos rasgos intrínsecamente definitorios** de las personas que pertenecen a esa generación. Se habla de la **percepción que las personas de otras generaciones** (boomers o generación X) tienen de los individuos de esta generación. Además, sería útil tener en cuenta otras dos cuestiones. Primero, que no se trata solo de una comparación **entre dos generaciones**, sino de personas en distintas franjas de edad. En este caso, personas de más de 50 años comparando su adolescencia y adultez emergente, vivida hace ya unas décadas, con personas que están viviendo estas etapas en este momento. En segundo lugar, creo que, en general, se ha preguntado poco a la generación milenial acerca de cómo se percibe a sí misma. **Se les ha etiquetado sin contar con ellos**, con una tendencia declinista bastante teñida del famoso «cualquier tiempo pasado fue mejor». Por último, los milenials son los primeros que han contado con un altavoz tan masivo como el de las redes sociales **para visibilizar sus preocupaciones y ansiedades**, pero también sus intereses, curiosidades y su sentido del humor. Por tanto, mi pregunta es **¿son los milenials intrínsecamente frágiles o son mucho más transparentes y comunicativos?**

Los dos rasgos más definitorios de la generación cristal son la **intolerancia a la frustración** y su consecuencia, **la expresión de queja constante**. Desde mi punto de vista, ambos forman parte de algo mucho más grande y que pertenece al campo de **la salud mental**.

El debate en torno a la salud mental que está teniendo lugar entre los jóvenes de las generaciones milenial y Z es algo **tremendamente infravalorado** y a lo que, por desgracia, **no se le está prestando suficiente atención**. A pesar de que está consiguiendo ganar cierto espacio en los medios, el análisis del malestar suele quedarse en **puntos superficiales** que no acaban de trascender. Sin embargo, las posturas que se están trayendo a la palestra se encuentran cargados de **importantes influjos filosóficos**, y multitud de propuestas no precisamente recientes están siendo planteadas con un **lenguaje claro y accesible**. Un mensaje con el que la gente **comienza a verse identificada**.

Sin embargo, las reivindicaciones por la salud y el bienestar mental son, desde mi punto de vista, **malinterpretadas con frecuencia**. Del mismo modo, la opinión pública acerca de los asuntos de salud mental se ve influenciada por **diferentes tensiones** que es importante reconocer. No he podido encontrar un análisis **pormenorizado y riguroso** de las variables más destacadas que influencian las diferencias posturas acerca de **la importancia de la salud mental en**

nuestros días. Por tanto, quiero presentarte, con toda la prudencia del mundo, los elementos que, **desde mi punto de vista**, motivan las reivindicaciones realizadas por las nuevas generaciones en lo que respecta al campo de la salud mental, entre otros, por parte de las nuevas generaciones. Esta es mi propuesta, una más de los cientos que ya existen, y está basada exclusivamente en mi experiencia en las redes sociales, **plataformas que han sido el escenario principal de gran parte de las reivindicaciones en el campo de la salud mental realizadas en los últimos años**.

Vamos allá.

- **Estado de bienestar y frustración.**

Nebrera expone en su escrito que el hecho de haber nacido con acceso a las prestaciones y servicios que conforman el estado de bienestar ha convertido a la generación cristal en un **grupo hedonista proclive a experimentar la frustración**. Dentro de que comparto parte del argumento, en mi cabeza esto resuena de una manera similar al **«de qué se quejan, si lo tienen todo»**. Cierto es que los miembros de **las generaciones milenial** y Z disfrutamos de derechos conquistados por generaciones anteriores y hemos nacido en un contexto en el que la educación básica, sanitaria y los servicios sociales se encuentran **relativamente garantizados para gran parte de la población**. Ahora bien, parte de nuestro desasosiego surge, por una parte, de la consciencia de que el **retroceso en materia de derechos** es posible y, por otro, de que todavía hay muchas cuestiones que han sido desatendidas o, al menos, **insuficientemente tratadas**.

- **La crisis de la meritocracia.**

La meritocracia cristaliza de maneras diferentes, muy especialmente a través de sentencias como «trabaja duro y conseguirás lo que te propongas, llegarás a donde quieras» o **«tienes lo que te has ganado con tu esfuerzo y tu trabajo duro»**. Estas creencias han sido asimiladas por generaciones anteriores y, de rebote, **han llegado a las últimas generaciones**. El problema de la meritocracia es que se asienta sobre una falacia, puesto que, para cumplirse, se debería partir de la igualdad de oportunidades, **algo que no tiene lugar en nuestra sociedad**. De base, el que nace en familias y ambientes con amplios recursos económicos es quien gozará de mayores oportunidades en términos formativos, académicos, laborales y de salud.

- **Romantización del sobreesfuerzo, el vivir exhausto y la consolidación del trabajo como medio hacia la autorrealización.**

«Escoge un trabajo que te guste y no tendrás que trabajar ni un solo día de tu vida».

¿Perdón?

En un contexto de alta competitividad en términos educativos, formativos y laborales, el sobreesfuerzo es uno de los grandes protagonistas en la vida tanto de jóvenes como de adultos, ya no solo en jóvenes sino en la población general. Hemos nacido en una cultura en la que gana quien más trabaja, quien más agotado termina y **quien está dispuesto a sacrificarlo todo** para rendir adecuadamente en el trabajo. La cultura del *No pain, no gain*. La cultura de «cuando tú te levantas, hay alguien que se ha levantado dos horas antes que tú y se ha puesto a trabajar para ser el mejor». Entiéndeme, no es que seamos hedonistas, que un poco sí, **es que no queremos olvidarnos de la vida en el camino**. En general, estamos luchando contra el *vivir para trabajar*, buscando convertirlo en «trabajar para vivir, pero, sobre todo, vivir». A quien, al leer esto, le asalten pensamientos que sugieran que los **jóvenes no conocemos el valor del esfuerzo** para conseguir nuestros objetivos, le recomiendo que se dé una vuelta por las bibliotecas públicas para comprobarlo. Conocemos el valor del esfuerzo, **sabemos que hay que luchar para conseguir nuestras metas**. Lo que no queremos es que se normalice el agotamiento y el sufrimiento. Lo que no queremos es que se normalice el pasarnos de rosca, **los trastornos de ansiedad** y el *burnout* asociado al mundo académico y laboral.

- **Realidad económica y variables socioculturales. Precariedad laboral.**

La generación milenial ha vivido, en periodos relevantes para su formación e inserción en el mercado laboral, los periodos de mayor tensión económica en España del último siglo: **la crisis del 2008 y la del coronavirus en 2020**. En este momento, a finales de 2021, la tasa de desempleo en menores de 25 años es del 40 %. Muchos de estos jóvenes con, al menos, un título universitario, un máster, dominio de, por lo menos, dos idiomas y de una gran variedad de competencias transversales. **La incapacidad de conseguir un trabajo que permita una estabilidad a medio plazo** repercute en que cada vez nos independicemos más tarde de nuestros padres, no podamos permitirnos un alquiler por nosotros mismos, etc. En cambio, los medios con frecuencia **dan la vuelta a la tortilla** y presentan esta situación como la idónea y deseada por los jóvenes. Un ejemplo claro es encontrar titulares como «El *coliving*, la alternativa de acceso a la vivienda que triunfa entre los jóvenes».

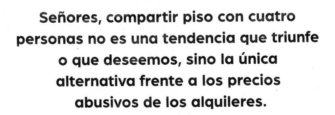

Señores, compartir piso con cuatro personas no es una tendencia que triunfe o que deseemos, sino la única alternativa frente a los precios abusivos de los alquileres.

- **Positividad tóxica, patologización de lo cotidiano y evitación del sufrimiento.**

«Si quieres, puedes», «El universo conspira a tu favor», «Todo sale bien si así te lo propones».

Nos guste o no, hemos crecido paralelamente a las corrientes que abogan por una **noción inalcanzable de felicidad**. Estas corrientes no han cristalizado únicamente en multitud de productos como tazas, agendas, camisetas o felpudos con mensajes motivacionales. Fundamentalmente, se encuentra asociado con la exaltación de lo que se han considerado **emociones positivas**, acompañado de una denostación de las denominadas ***emocio-***

nes negativas. Las corrientes de positividad tóxica han establecido esta dicotomía entre emociones positivas y negativas, que no solamente no cuenta con apoyo científico, **sino que además adopta un enfoque irreal y culpabilizador**. La positividad tóxica relega emociones extremadamente útiles como la ansiedad, el miedo, la tristeza e, incluso, el aburrimiento, **a un segundo plano**. Este discurso que busca evitar el sufrimiento y las emociones que pueden resultar desagradables simplemente no se ajusta a cómo funcionamos ni a la realidad. **Acabamos sintiéndonos mal por sentirnos mal.**

- **Presencia de movimientos sociales.**

Solemos escuchar que las generaciones de ahora **vivimos ofendidas**, que tenemos la piel muy fina o que no se nos puede decir nada. Alternativamente, creo que puede verse como que las generaciones actuales **están pronunciándose sobre incoherencias** que observan en generaciones anteriores. Un ejemplo es el de adoptar posiciones de neutralidad ante situaciones de opresión y discriminación. Algunas voces argumentan que las generaciones de nuestras madres y abuelas, defienden, en general, la pluralidad de opiniones y la libre expresión de las mismas, haciendo gala de la **supuesta aceptación de la pluralidad heredada de la Transición**. *Cada uno que piense lo que quiera mientras que a mí no me salpique.* Creo que las nuevas generaciones disiden un poco de este mensaje, negándose a aceptar posiciones que impliquen **la opresión de grupos en posiciones de vulnerabilidad**. En este sentido, se está extendiendo la creencia de que ser neutral en una situación de opresión hacia un grupo vulnerable implica favorecer al opresor, siendo esa neutralidad realmente una forma de lavarse las manos de **una responsabilidad colectiva**. Por esa razón, muchos defendemos que no es suficiente con no ser fascista, homófobo, machista o racista, sino que, en su lugar, **debe practicarse** el antifascismo, la antihomofobia, el feminismo y el antirracismo. La base es siempre la misma: **ser tolerantes con la intolerancia amenaza cuestiones tan importantes como los derechos humanos de millones de personas en todo el mundo**.

En definitiva, creo que la generación cristal no es más que una generación que se ha visto forzada a participar de una **dinámica social que no comprende y considera tóxica**. Una generación que aboga por continuar la lucha contra la discriminación por cualquier razón. Una generación que **quiere escucharse** y que no compra los mantras que giran en torno a la productividad como medio hacia la autorrealización.

Habrá muchas personas que discrepen conmigo cuando propongo que, actualmente, muchos de los jóvenes hemos vivido o vivimos situaciones de **estrés sostenido que nos afectan física y psicológicamente**. Cuando digo esto en voz alta suelen aparecer las voces que defienden que a nosotros se nos ha dado todo hecho y que no conocemos el valor del esfuerzo. Otras, poco más, defienden que cualquier preocupación que podamos expresar carece de validez al no **correr peligro nuestra vida**. Incluso, algunas deslegitiman nuestras reivindicaciones y la expresión de nuestro malestar con frases del estilo de

«Hay gente en África muriéndose de hambre» o «No tenéis que ir a la mina, así que menos quejas».

No les falta razón. Y creo que hay que ser consciente de lo privilegiados que somos por haber nacido en una época como esta, en la que, al menos en España, **tenemos muchos de nuestros derechos blindados**. Desde luego, al menos hablo por mí, reconozco que muchas de las quejas que puedo proferir son desde la conciencia y convencimiento de que se tratan de problemas del primer mundo. Pero creo que son eso. **Problemas del primer mundo.** Un primer mundo que se rige por sus dinámicas, en las que predominan ciertas fuerzas y presiones. Un mundo que, por muy agradecido que me encuentre, **se halla plagado de estímulos** que, para mí, y para otra mucha gente, sí constituyen estresores y que, por tanto, **merecen reflexión**. Por eso, esta última sección del libro la dedicaré al que creo que es uno de los problemas más presentes en nuestra sociedad. Un fenómeno que se relaciona con un gasto sanitario extraordinario y que se **cobra millones de vidas todos los años**.

El fenómeno del **estrés**.

El estrés

———— ✳ ————

**«Si es que los jóvenes de ahora os estresáis por nada.
Os ahogáis en un vaso de agua.
Vivís estresados».**

————

TRABAJO LOS FINDES PARA PAGARME LA CARRERA, MEJORO EL INGLÉS, PARTICIPO CON DOS ASOCIACIONES, HAGO DEPORTE, ME PRESENTO AL TORNEO DE AJEDREZ PORQUE ME... VOY A TERAPIA... ESTOY LEYENDO UN PAR... LIB... Y ADEMÁS... QU... R CON LOS AM... LA... ME GUSTARÍA.

¿Y POR QUÉ DICES QUE ESTÁS ESTRESADO?

DOMMLOBB

Estoy bastante seguro de que habrás escuchado al menos una de estas frases alguna que otra vez. Y es que no **podría hablar de salud mental** sin mencionar, aunque sea de manera breve, y sin extenderme demasiado, **el estrés**. Uno de los mejores profesores que tuve en la carrera lo llamaba *el asesino invisible*, haciendo referencia a dos elementos importantes. En primer lugar, con la palabra *asesino* refleja las **consecuencias tan desastrosas** que puede tener en nuestra salud física el experimentar periodos de estrés prolongado. En segundo lugar, con *invisible* hace referencia a lo **normalizado** que se encuentra el sufrir estrés de manera crónica, siendo este sufrimiento incorporado a nuestro día a día.

Lo cierto es que oímos hablar de estrés a todas horas, en comidas familiares, en el trabajo, en los medios de comunicación, en las redes sociales, etc. Hasta el punto de que la palabra *estrés* se encuentra tan manoseada que no siempre sabemos **de qué estamos hablando**.

A lo largo de la historia han existido múltiples definiciones y conceptualizaciones del estrés. Mientras que unas entendían el estrés como la **respuesta del cuerpo** ante un estímulo adverso, otras se focalizaron en las propiedades que hacen que un estímulo sea estresante. Actualmente, las teorías más aceptadas son las que estudian el estrés como el resultado de una interacción entre las variables y características de la persona y los estímulos a los que se encuentra expuesta. De acuerdo con los padres de estas perspectivas (10), una situación es estresante cuando el individuo la percibe como **algo que excede sus propios recursos y pone en peligro su bienestar personal**. Así, cobra una especial importancia la **evaluación** que la persona hace de los recursos de los que dispone para hacer frente a una amenaza concreta.

Lo que me interesa especialmente que sepas es que **el estrés implica la activación de nuestro sistema neuroendocrino, responsable de la secreción de diferentes hormonas**. Entre otros, los cambios neuroendocrinos asociados al estrés tienen dos objetivos:

DE
LA IMPORTANCIA DE LOS
PROPIOS RECURSOS
ANTE UNA TAREA CONCRETA.

DOMMCOBB

- **Facilitar un estado de alerta**, dirigiendo nuestra atención y recursos cognitivos hacia el estímulo estresor que debemos enfrentar.
- Incrementar la oxigenación de nuestro cerebro, corazón y sistema muscular, favoreciendo la **activación tanto física como cognitiva**.

Además de estas respuestas **fisiológicas**, tenemos respuestas **psicológicas**, que pueden ser emocionales, cognitivas y conductuales (11):

- **Emocionales:** agobio, sobreesfuerzo, ansiedad, ira... Disponemos de un repertorio emocional **extremadamente variado**, por lo que podemos experimentar emociones muy diversas en diferentes periodos de estrés. Además, las emociones que experimentemos variarán en **función de la duración de ese estrés**, es decir, si se trata de un estrés agudo o más bien crónico.

- **Cognitivas:** preocupación, evitación, bloqueos mentales o pérdidas de memoria, entre otros fenómenos. Estas respuestas son en realidad, en muchas ocasiones, **la parte cognitiva de la emoción que estemos experimentando**, que puede llegar a desbordarnos de manera significativa.

- **Conductuales:** expresión de la ira, inhibición de la conducta o uso de sustancias psicoactivas, por ejemplo. Del mismo modo que con la dimensión cognitiva, es complicado disociar estas conductas de la emoción que predomine en la **situación de estrés**.

Aunque no vayamos a profundizar en la neurobiología del estrés, me interesa que conozcas a un viejo amigo: **el eje hipotálamo-hipofisario-adrenal** (HHA o HPA). ¡Menudo nombrecito, eh! **¡Pues no te queda nada!** Es broma. Pero sí debes saber que el HHA juega un **papel fundamental en la liberación de las diferentes hormonas que participan en la respuesta de estrés**. Vamos a explicarlo de una manera supersencilla.

A lo largo del libro hemos recalcado que el cerebro **no está aislado**. Por mucho que se encuentre algo separado del resto de órganos, y encerrado dentro del cráneo, el cerebro forma parte del organismo. **Y de esto no nos podemos olvidar nunca, aunque parezca algo obvio.**

La cuestión es que la comunicación entre el cerebro y el resto del cuerpo ocurre de **maneras diversas**. Una de ellas es a través de las hormonas, en lo que conocemos como **ejes hormonales**. En estos ejes participan diferentes estructuras cerebrales, que se coordinan con

glándulas distribuidas en diferentes partes del cuerpo, como, por ejemplo, los testículos, los ovarios, la tiroides o, las que más nos interesan para hablar del estrés, las **glándulas suprarrenales**. Aquí es donde entra en juego nuestro amigo el eje **hipotálamo-hipofisario-adrenal**, el cual tiene este nombre porque está constituido por estas tres estructuras:

- Hipotálamo.
- Hipófisis.
- Glándulas suprarrenales.

¿Y cómo funciona esta respuesta del HHA?

Pongamos que todo empieza con la **percepción de una amenaza**, la cual provoca la activación de un conjunto de células del hipotálamo, llamado el **núcleo paraventricular** (12). Pues bien, las células del núcleo paraventricular liberan una sustancia, llamada **hormona de liberación del cortisol** o *cortisol releasing factor* (CRF), que llega a unas células específicas de una estructura que conocemos como **hipófisis**, una de las principales glándulas de nuestro cuerpo. Ante la llegada de CRF, estas células hipofisarias liberarán una hormona denominada **adrenocorticotropa** (ACTH) a la circulación sistémica, es decir, **al torrente sanguíneo**. Esta ACTH va a ejercer sus acciones lejos de la hipófisis, donde fue liberada. Concretamente, en la corteza de las glándulas suprarrenales, localizadas encima de los riñones, que **comenzarán a segregar glucocorticoides**. Más concretamente, el cortisol, conocido mediáticamente como la **hormona del estrés**.

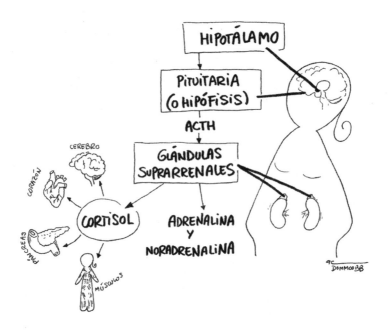

Cada una de las tres estructuras cumple **una función concreta**, pero todas se coordinan para permitir la secreción de las hormonas adrenales en cantidades adecuadas y en los **momentos oportunos**. Para tener una respuesta de estrés eficaz y eficiente, la secreción de hormonas del estrés no puede ocurrir porque sí, en cualquier momento, **sin motivo alguno**. Tampoco puede ser excesivamente breve ni prolongarse demasiado en el tiempo. Por tanto, **tan importante es que la secreción de hormonas del estrés empiece de la manera y en el momento adecuados como que termine de la misma forma**. De lo contrario, diríamos que nuestro eje HHA se encuentra **alterado** y, probablemente, nuestra respuesta de estrés también lo esté. Se trata, por tanto, de un **equilibrio dinámico**, en el que las diferentes estructuras se coordinan. Están afinadas.

Entonces, una vez iniciada la respuesta de estrés..., **¿cómo saben las glándulas suprarrenales cuándo deben de dejar de segregar cortisol?**

Pues esto es gracias a que las concentraciones de glucocorticoides en sangre son destacadas en el hipotálamo, de modo que este dejan de estimular la secreción de ACTH **cuando los niveles de cortisol son excesivos**. Esto es lo que conocemos como un *bucle de retroalimentación negativa* y es uno de los principios de funcionamiento **más útiles** de nuestro organismo. Puedes imaginar el hipotálamo como si fuese el termostato de una habitación. Si la habitación está fría y marcamos la temperatura que queremos, por ejemplo, a 20 ºC, el termostato activará el sistema de calefacción hasta alcanzar esos 20 ºC. En cuanto el termostato detecte que la temperatura de la habitación ha ascendido hasta la deseada, **apagará el sistema de calefacción** para que la habitación no se convierta en un infierno. Pues algo similar hace el hipotálamo con la regulación de las concentraciones de diferentes hormonas y, concretamente, **con la del cortisol**.

La activación de este sistema HHA se ha desarrollado y perfeccionado a lo largo de la evolución para facilitar **el enfrentamiento a diferentes estresores**, promoviendo así nuestra supervivencia.

Vale, y te preguntarás **para qué he querido yo contarte todo esto**.

Principalmente, para llegar a un algo que me parece relevante. Por un lado, hemos introducido el tema diciendo que el estrés es el **asesino invisible**. Por otro, te he ido hablando de la respuesta del estrés, que se ha desarrollado a lo largo de la evolución para que hagamos frente a las amenazas. **¿No hay aquí una contradicción? ¿Es posible que**

algo que hemos desarrollado para sobrevivir pueda acabar matándonos?

Pues lo cierto es que sí. Hablemos de las consecuencias del estrés crónico.

Estrés crónico y salud física

La cuestión es que el **HHA** está preparado, sobre todo para **activaciones rápidas y de corta duración** (11, 12, 13). Así, la respuesta del estrés, con su chute de adrenalina y cortisol, nos da la energía y el impulso necesario para **lidiar con la amenaza** que nos hayamos encontrado. Esto era algo extremadamente útil cuando vivíamos en entornos salvajes, en los que había que huir o luchar contra animales que podían devorarnos en cualquier momento. En nuestros días, **la situación es bastante diferente**. Entre otras razones, porque los estresores han cambiado, volviéndose, en la mayoría de los casos, **más abstractos**, y con una mayor permanencia en el tiempo. Así, mientras que la respuesta de estrés de nuestro organismo funciona muy bien cuando nos exponemos a amenazas o peligros de corta duración, no podemos decir lo mismo de situaciones adversas que perduran durante un tiempo prolongado. A diferencia de las formas más súbitas de estrés, el estrés crónico **puede aparecer de manera lenta e insidiosa**, incluso sin que lo percibamos conscientemente (11, 13). Además, suele darse en situaciones con un curso o desenlace ambiguo, impredecible. Y el **HHA**, no preparado para permanecer activado de manera persistente, **cambia el percal por completo**, afectando a nuestro cuerpo de diferentes formas. De este modo, con frecuencia acudimos al médico para consultar infinidad de problemas muy diversos, como dolores de cabeza, sarpullidos, contracturas o, incluso, pérdidas de memoria, y allí se nos presenta la posibilidad de que, sin saberlo, **nos encontremos sumergidos en una situación de estrés crónico**.

Debes saber que el cortisol es una hormona **extremadamente importante** para el funcionamiento de diferentes sistemas de nuestro organismo, como el cardiovascular, nervioso, inmune, integumentario (piel), musculoesquelético, reproductor, digestivo, respiratorio y visual. Por tanto, alteraciones en las concentraciones de cortisol, tanto por defecto como por exceso, **pueden interferir con el correcto funcionamiento de cada uno de estos sistemas**. Los siguientes son SOLO ALGUNOS ejemplos de los efectos del estrés sostenido en nuestra salud física:

- **Alteraciones cardiovasculares**, como mayor riesgo de hipertensión y de enfermedad coronaria (14, 15).
- **Disfunciones del sistema inmunitario** que nos hacen más vulnerables a determinadas infecciones (16) y cuadros autoinmunes.
- **Obesidad y síndrome metabólico**, caracterizado por hipertensión, resistencia a la insulina, exceso de grasa visceral, pérdida de masa muscular y altos niveles de colesterol (17). Se asocia al riesgo cardiovascular y cerebrovascular, entre otros.

Como ves, el estrés crónico se asocia a un gran número de condiciones que ponen **en riesgo nuestra salud** y aumentan nuestra mortalidad. Del mismo modo, el estrés crónico afecta significativamente a la estructura y función de tu cerebro, así como a tu estado psicológico y salud mental.

Estrés crónico, cerebro y salud mental

Lo primero que debes saber es que hay regiones del cerebro que son más sensibles al estrés crónico que otras.

Pero ¿por qué? Y, lo más importante, **¿cuáles son estas regiones?**

¿Recuerdas que te conté que el hipotálamo **podía reducir la cantidad** de cortisol que se debe producir? Si haces memoria, vimos que el hipotálamo era como un termostato **capaz de regular** la secreción de cortisol precisamente porque puede detectar la cantidad de cortisol que **hay en la sangre**. Esto lo hace gracias a los **receptores de cortisol**. Ya hemos hablado de receptores en capítulos anteriores, pero debes quedarte con que son estructuras a las que se unen las **hormonas y neurotransmisores** que circulan por nuestro cuerpo. Cuando un neurotransmisor se une a un receptor concreto que se encuentra en una célula, puede modificar el funcionamiento de esa célula, e incluso su estructura y su tamaño. Para que te hagas una idea, un neurotransmisor uniéndose a un receptor vendría a ser algo así como **una llave encajando en una cerradura**, ya que cada neurotransmisor tiene sus correspondientes receptores, por los que experimenta una **mayor atracción** (afinidad) que por otros. Pues bien, si hay algunas zonas del cerebro más sensibles que otras al estrés es porque esas zonas cuentan con una mayor densidad de receptores de cortisol. Si hay muchas cerraduras, más cortisol puede unirse a ellas y provocar cambios en esas regiones. Como te comentaba anteriormente, el cortisol, en cantidades adecuadas y segregado en el momento oportuno, **es imprescindible para nuestro funcionamiento cognitivo, emocional y conductual**. Sin embargo, en concentraciones excesivas, el cortisol tiene un **efecto neurotóxico**, interfiriendo con el funcionamiento neuronal y llegando a causar atrofia en diferentes regiones cerebrales.

Lo chulo, interesante y, a la vez, terrorífico es que las regiones cerebrales que se ven más afectadas por el estrés crónico, **por tener más receptores de cortisol**, son las **mismas** que participan en los procesos de categorizar los diferentes estímulos del entorno como amenazadores, **estresantes o inofensivos**. Entre estas estructuras, tenemos la amígdala, la corteza prefrontal y el hipocampo (13, 18). Estas tres regiones trabajan en la **evaluación emocional** de estímulos y contextos potencialmente amenazadores, permitiendo activar la respuesta de estrés, por sus amplias conexiones con el HHA. De hecho..., **te confieso que antes te mentí**.

Bueno, o **no te dije toda la verdad**.

¿Recuerdas que cuando te expliqué el HHA te contaba que todo comenzaba en un grupito de células que se llamaba **núcleo paraventricular**?

Pues esto no es del todo así. Es cierto que gracias a ese núcleo se podrá activar la cascada hormonal de la respuesta de estrés, pero, en realidad, **nos falta algo**. Y es que **¿cómo sabe este núcleo que debe disparar la respuesta de estrés?** ¿Cómo percibe la amenaza o estresor?

Como puedes imaginarte, un estímulo no es una amenaza en sí misma hasta que el organismo **no lo percibe como tal**. Por ejemplo, estar sentado en una mesa en tu clase del instituto o universidad frente a una hoja de papel en la que hay preguntas que debes contestar no es, en principio, una situación aversiva o una amenaza, por lo que **no debería disparar tu respuesta de estrés**. Sin embargo, son la **información previa** que tú tienes acerca de esa situación, tu entendimiento de esta como un «examen» y la visualización de las **posibles consecuencias** de suspenderlo los que harán que interpretes ese contexto como una **fuente de estrés**. La amígdala, el córtex prefrontal y el hipocampo son las estructuras que procesan esta información, elaborando un juicio acerca de **lo peligrosa que resulta la amenaza** (18). Será el resultado de este juicio el que provocará la activación o inhibición del núcleo paraventricular del hipotálamo y la consecuente iniciación de la **cascada de hormonas del estrés**.

Si te paras a pensarlo, tiene sentido que las **tres estructuras más involucradas** en la percepción de un estímulo como estresante, encargadas de modular la secreción de cortisol ante el mismo, sean las que tienen **una mayor densidad de receptores de cortisol**, siendo las más afectadas en situaciones de **estrés crónico**.

Y aquí quiero que nos fijemos especialmente en el **hipocampo**, una de las estructuras más fascinantes del cerebro de los mamíferos.

El hipocampo es una estructura profunda del cerebro. Se suele decir de él que tiene **forma de caballito de mar**, pero a mí siempre me ha costado verle el parecido. El hipocampo juega un **papel fundamental** en diferentes aspectos de la memoria, como la consolidación de nueva información, así como en la orientación y navegación espacial (19). Por cierto, no sé si recordarás el cuadro de las redes cerebrales en el que estábamos **en pleno concierto de Nathy Peluso**, pero debes saber que, en la búsqueda de tu amiga, tu hipocampo habría estado guardando **pequeñas simulaciones o mapas** del espacio de tu alrededor para facilitar tu orientación. **Pero eso no nos interesa ahora.** El hipocampo forma parte del **sistema límbico**, ese conjunto de estructuras antiguas de nuestro cerebro que tiene un papel relevante en el procesamiento emocional, participando de manera importantísima en **la respuesta del estrés.** Lo que quiero contarte es que, debido a su gran densidad de receptores de cortisol, el funcionamiento del hipocampo se ve **especialmente afectado en situaciones de estrés crónico**, en el que los niveles de cortisol permanecen elevados durante mucho tiempo (13, 18, 19, 20).

Básicamente, el efecto neurotóxico del cortisol en situaciones de estrés sostenido **acaba dañando a nuestro hipocampo y alterando su funcionamiento**, lo cual tiene dos consecuencias principales:

- Alterar el papel del hipocampo **en funciones cognitivas** como la memoria o la navegación espacial.
- Alterar el **papel regulador del hipocampo en la respuesta del estrés.** En condiciones de salud, el hipocampo reduce la actividad del eje HHA, inhibiendo la secreción de cortisol. En cambio, en situaciones de estrés crónico, la capacidad del hipocampo de regular la secreción de cortisol se ve alterada. Es como si se nos estropease un freno, de modo que aumenta de manera relevante la secreción de cortisol, favoreciendo la respuesta de estrés y, entre otros resultados, una disminución del tamaño del hipocampo.

Estos **efectos neurotóxicos del cortisol** ocurren también en la amígdala y en el córtex prefrontal. Sin embargo, contrariamente a lo que sucede en el caso del hipocampo, **que tiende a atrofiarse**, disminuyendo su volumen, ante el estrés crónico, la amígdala parece sufrir hipertrofia, **ganando volumen**, debido a un incremento de las conexiones neuronales en esa región (18). Así, en situaciones de estrés crónico, la amígdala, promotora de las respuestas de miedo y ansiedad, **incrementa sus conexiones y su tamaño**, mientras que el hipocampo, inhibidor de esas respuestas, **las disminuye**. Por tanto, **el estrés crónico no solo nos pisa el acelerador, sino que nos posiciona cuesta abajo y sin frenos**. Así, el estrés crónico nos deja en una situación de vulnerabilidad ante la enfermedad física como **ante diferentes alteraciones psicológicas**.

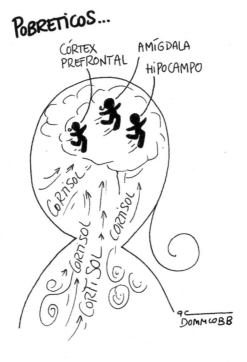

Todos conocemos, en gran parte por experiencia propia o por personas cercanas a nuestro entorno, **las consecuencias** de la exposición a un estrés agudo. Entre las más frecuentes encontramos **la ansiedad, de intensidad variable, así como los ataques de pánico**. Los ataques de pánico son episodios en los que experimentamos una ansiedad **extremadamente intensa** durante un periodo relativamente corto de tiempo. La ansiedad alcanza su pico a los **pocos minutos**, y podemos experimentar gran diversidad de síntomas, como temblores, taquicardias o palpitaciones, sudoración, sensación de que vamos a morir o a perder el control, escalofríos, dificultad para respirar o sensación de asfixia, dolor o molestias en el tórax, náuseas o malestar abdominal, parestesias (hormigueo o entumecimiento de alguna extremidad), desrealización (sensación de que el mundo es irreal) o despersonalización (sentirse extraño a uno mismo) y sensación de inestabilidad, mareo, de estar aturdido o desmayos. Del mismo modo, el estrés agudo puede llegar **a detonar episodios de tipo psicótico**. Además, en situaciones de estrés en las que percibimos que nuestra vida o la de otra persona se encuentra en peligro, aparecen los cuadros de **estrés agudo** y **estrés postraumático**. Seguro que todos estos nombres los has escuchado más de una vez. Sin embargo, no solemos hablar tanto de los efectos del estrés crónico en nuestro estado psicológico, entre otras razones, porque no siempre es sencillo darnos cuenta de su presencia.

La investigación hasta el momento revela que el estrés crónico participa en la **etiopatogenia**, es decir, en los orígenes, de una gran variedad de alteraciones y **trastornos psicológicos** (21). Muy especialmente, en los trastornos del estado de ánimo, como la **depresión mayor**.

Estrés crónico y trastornos del estado de ánimo: la depresión mayor

Sabemos que el estrés crónico sienta la base para diferentes tipos de **alteraciones psicológicas**, siendo especialmente relevante en el desarrollo de lo que conocemos como **trastornos depresivos** o del estado de ánimo (11, 22, 23).

La depresión afecta, de acuerdo con la Organización Mundial de la Salud, a alrededor de **280 millones de personas**, constituyendo la principal causa de discapacidad en el mundo (3). Los síntomas de la depresión pueden ser **muy heterogéneos**, por lo que los cuadros que podemos encontrarnos son **muy variados**. De hecho, pueden existir dos personas con un mismo diagnóstico de depresión y con síntomas **totalmente opuestos**. Una posible conclusión de esta variedad de síntomas que se contemplan como síntomas depresivos es que, muy probablemente, no tenga sentido hablar de una **única depresión que subyace a estos síntomas**. Los psicólogos Carmelo Vázquez y Jesús Sanz defienden que la visión de la depresión como un trastorno latente que se manifiesta de formas muy diversas probablemente **ha limitado el estudio de la psicopatología** (24). Por tanto, **tal vez tenga más sentido hablar de que existen múltiples cuadros distintos, cada uno con sus causas y síntomas, que comparten ciertas características**. Así, también solemos hablar de las **diferentes caras de la depresión**, con distintos síntomas, gravedad y duración.

En general, uno de los síntomas más distintivos de la depresión es la **reducción o incapacidad de experimentar emociones positivas**, así como la anhedonia, definida como la incapacidad de experimentar placer y disfrute con cosas que anteriormente la provocaban (24).

Además, podemos encontrar **síntomas cognitivos**, como alteraciones de memoria, atención y concentración, y síntomas físicos como la pérdida de energía, de apetito (que también puede aumentar) y las disfunciones sexuales. Además, los problemas de sueño se dan **con una alta frecuencia en los cuadros depresivos**, pudiendo implicar dificultades para conciliar el sueño, para mantenerlo, despertares tempranos e, incluso, hipersomnia (mayor necesidad de dormir). Además, puede experimentarse dolor, por ejemplo, de cabeza, de espalda o de articulaciones, **un síntoma menos conocido de la depresión**. Todos estos síntomas suelen llevar a la persona que los sufre a retraerse socialmente o incluso a abandonar sus relaciones sociales, lo que, en ocasiones, acaba revirtiendo en el aislamiento de la persona y en **un empeoramiento de la depresión** (24).

Las causas de la depresión se desconocen, pero su etiología es, probablemente, multifactorial. Se sugiere que hay elementos **biológicos, psicológicos y sociales que contribuyen al inicio y mantenimiento del trastorno, probablemente actuando en diferentes momentos de su curso** (22, 23, 24). Del mismo modo, se habla de diferentes tipos de vulnerabilidades, como la biológica (genética u hormonal, por ejemplo) o la psicológica, que podrían predisponer a determinados individuos a sufrir estos trastornos. Sobre estas vulnerabilidades actuarían determinados factores que podrían disparar los síntomas. **Uno de ellos es el estrés**, en forma de experiencias adversas.

Y aquí entran de nuevo nuestros amigos **el eje HHA y el hipocampo**.

Diversos estudios en el campo de la neuroendocrinología han encontrado alteraciones en el eje HHA en **pacientes con diferentes tipos de depresión** (25, 26, 27). Así, se ha descrito una hiperactividad de este sistema en pacientes con depresión mayor. Esto se atribuye a una alteración en los mecanismos cerebrales que indican a las glándulas suprarrenales cuándo dejar de segregar cortisol.

En este punto debes recordar que, en condiciones de salud, el hipocampo suele hacer una **función inhibitoria sobre el eje HHA**, disminuyendo la secreción de cortisol. Sin embargo, en condiciones de estrés crónico, los altos niveles de cortisol acababan **intoxicando** al hipocampo, impidiéndole ejercer bien su función de freno, provocando aún más liberación de cortisol. Curiosamente, consistente con la propuesta de que **el estrés crónico es una de las principales causas de depresión**, existe cierto consenso en que los pacientes diagnosticados de trastorno depresivo mayor muestran hipocampos más pequeños (con menor volumen) en **comparación con controles sanos** (28, 30). Según estas propuestas, es en el hipocampo, esa estructura con supuesta forma de caballito de mar, donde encontraríamos **el enlace entre el estrés crónico y la depresión**.

El estrés prenatal, así como diferentes formas de maltrato y abuso durante la infancia, se ha relacionado con alteraciones en el desarrollo del sistema HHA, así como con reducciones en el volumen del hipocampo. Estas alteraciones se relacionan con una mayor probabilidad de sufrir depresión en la adultez, pero hacen falta más estudios para confirmar esta hipótesis (27, 28).

REFERENCIAS
BIBLIOGRÁFICAS

PRÓLOGO

1. Dimock, M. (17 de enero de 2019). «Defining generations: Where Millenials end and Generation Z begins». Pew Research Center. <https://www.pewresearch.org/fact-tank/2019/01/17/where-millennials-end-and-generation-z-begins/>.
2. Álvarez Ramos, E., Heredia Ponce, H. y Romero Oliva, M. (2019). «La Generación Z y las Redes Sociales. Una visión desde los adolescentes en España. *Revista Espacios, 40* (20), 9. <http://www.revistaespacios.com/a19v40n20/a19v40n20p09.pdf>.

CAPÍTULO 1. Sexualidad y cerebro

1. Regueillet, A. G. (2004). «Norma sexual y comportamientos cotidianos en los diez primeros años del Franquismo: noviazgo y sexualidad». *Hispania, 64*(218), 1027-1042. <https://doi.org/10.3989/hispania.2004.v64.i218.178>.
2. Abad, I. (2009). «Las dimensiones de la "represión sexuada" durante la dictadura franquista». *Revista de historia Jerónimo Zurita, 84,* 65-86. <https://dialnet.unirioja.es/servlet/articulo?codigo=3199396>.
3. Fayanás, E. (20 de noviembre de 2017). «*Historia de la sexualidad. La sexualidad en el franquismo».* Diario digital *Nueva Tribuna.* <https://www.nuevatribuna.es/articulo/historia/sexualidad-franquismo/20171120181754145484.html>.
4. Martínez Rojo, L. (presentadora). (21/11/2021). «La sexualidad femenina durante el franquismo» [episodio de pódcast de audio]. En *Artesfera,* Radio 5. RTVE. <https://www.rtve.es/play/audios/artesfera-en-radio-5/artesfera-radio-5-mujer-memoria-sexualidad-femenina-durante-franquismo-21-11-20/5720866/>.
5. Basson, R. (2015). «Human sexual response». In *Handbook of Clinical Neurology* (1st ed., Vol. 130, Issue 2013). Elsevier B.V. <https://doi.org/10.1192/bjp.114.512.921-c>.
6. Georgiadis, J. R., & Kringelbach, M. L. (2012). «The human sexual response cycle: Brain imaging evidence linking sex to other pleasures». *Progress in Neurobiology, 98*(1), 49-81. <https://doi.org/10.1016/j.pneurobio.2012.05.004>.
7. Georgiadis, J. R. (2015). «Functional neuroanatomy of human cortex cerebri in relation to wanting sex and having it». *Clinical Anatomy, 28*(3), 314-323. <https://doi.org/10.1002/ca.22528>.
8. Ruesink, G. B., & Georgiadis, J. R. (2017). «Brain Imaging of Human Sexual Response: Recent Developments and Future Directions». *Current Sexual Health Reports, 9*(4), 183-191. <https://doi.org/10.1007/S11930-017-0123-4>.
9. Calabrò, R. S., Cacciola, A., Bruschetta, D., Milardi, D., Quattrini, F., Sciarrone, F., La Rosa, G., Bramanti, P., & Anastasi, G. (2019). «Neuroanatomy and function of human sexual behavior: A neglected or unknown issue?». *Brain and Behavior, 9*(12), 1-17. <https://doi.org/10.1002/brb3.1389>.
10. Stoyanov, G. S., Matev, B. K., Valchanov, P., Sapundzhiev, N., & Young, J. R. (2018). «The Human Vomeronasal (Jacobson's) Organ: A Short Review of Current Conceptions, With an English Translation of Potiquet's Original Text». *Cureus, 10*(5). <https://doi.org/10.7759/cureus.2643>.
11. Uddin, L. Q., Yeo, B. T. T., & Spreng, R. N. (2019). «Towards a Universal Taxonomy of Macros-

cale Functional Human Brain Networks. How Many Functional Brain Networks Are A funda-mental construct in neuroscience is the definition». *Brain Topography, 0123456789.* <https://doi.org/10.1007/s10548-019-00744-6>.

12. Corbetta, M., & Shulman, G. L. (2002). «Control of goal-directed and stimulus-driven attention in the brain». *Nature Reviews Neuroscience, 3*(3), 201-215. <https://doi.org/10.1038/nrn755>.

13. Mak, L. E., Minuzzi, L., MacQueen, G., Hall, G., Kennedy, S. H., & Milev, R. (2017). «The Default Mode Network in Healthy Individuals: A Systematic Review and Meta-Analysis». *Brain Connectivity, 7*(1), 25-33. <https://doi.org/10.1089/brain.2016.0438>.

14. Morales, M., & Margolis, E. B. (2017). «Ventral tegmental area: cellular heterogeneity, con-nectivity and behaviour». *Nature reviews. Neuroscience, 18*(2), 73-85. <https://doi.org/10.1038/nrn.2016.165>.

15. Berridge, K. C., & Kringelbach, M. L. (2015). «Review Pleasure Systems in the Brain». *Neuron, 86*(3), 646-664. <https://doi.org/10.1016/j.neuron.2015.02.018>.

16. Koob, G. F., & Volkow, N. D. (2016). «Neurobiology of addiction: a neurocircuitry analysis». *The Lancet Psychiatry, 3*(8), 760-773. <https://doi.org/10.1016/S2215-0366(16)00104-8>.

17. Berridge, K. C., & Robinson, T. (University of M.) (2016). «Liking, wanting and the incentive salience theory of addiction». *American Psychologist, 71*(8), 670-679.

18. Floresco, S. B. (2015). «The nucleus accumbens: an interface between cognition, emotion, and action». *Annual review of psychology, 66,* 25-52. <https://doi.org/10.1146/annurev-psych-010213-115159>.

19. Cacioppo, S. (2017). «Neuroimaging of Female Sexual Desire and Hypoactive Sexual Desire Disor-der». *Sexual Medicine Reviews, 5*(4), 434-444. <https://doi.org/10.1016/j.sxmr.2017.07.006>.

20. Cacioppo, S., Bianchi-Demicheli, F., Frum, C., Pfaus, J. G., & Lewis, J. W. (2012). «The Common Neural Bases Between Sexual Desire and Love: A Multilevel Kernel Density fMRI Analysis». *The Journal of Sexual Medicine, 9*(4), 1048-1054. <https://doi.org/10.1111/J.1743-6109.2012.02651.X>.

21. Stoléru, S., Fonteille, V., Cornélis, C., Joyal, C., & Moulier, V. (2012). «Functional neuroimaging studies of sexual arousal and orgasm in healthy men and women: A review and meta-analysis». *Neuroscience and Biobehavioral Reviews, 36*(6), 1481-1509. <https://doi.org/10.1016/j.neubio-rev.2012.03.006>.

22. Wise, N. J., Frangos, E., & Komisaruk, B. R. (2017). «Brain Activity Unique to Orgasm in Wo-men: An fMRI Analysis». *Journal of Sexual Medicine, 14* (11), 1380-1391. <https://doi.org/10.1016/j.jsxm.2017.08.014>.

23. Tong, F. (2003). «Out-of-body experiences: from Penfield to present». *Trends in Cognitive Sciences, 7*(3), 104-106. <https://doi.org/10.1016/S1364-6613(03)00030-5>.

24. De Boer, D., Johnston, P. J., Kerr, G., Meinzer, M., & Cleeremans, A. (2020). «A causal role for the right angular gyrus in self-location mediated perspective taking». *Scientific reports, 10* (1), 19229. <https://doi.org/10.1038/s41598-020-76235-7>.

25. Safron, A. (2016). «Socioaffective Neuroscience & Psychology What is orgasm? A model of se-xual trance and climax via rhythmic entrainment What is orgasm? A model of sexual trance and climax via rhythmic entrainment». *Socioaffective Neuroscience & Psychology, 6*(1), 31763. <https://doi.org/10.3402/snp.v6.31763>.

26. Chaton, L., Chochoi, M., Reyns, N., Lopes, R., Derambure, P., & Szurhaj, W. (2018). «Localiza-tion of an epileptic orgasmic feeling to the right amygdala, using intracranial electrodes». *Cortex, 109,* 347-351. <https://doi.org/10.1016/j.cortex.2018.07.013>.

27. Janszky, J., Szücs, A., Halász, P., Borbély, C., Holló, A., Barsi, P., & Mirnics, Z. (2002). «Orgasmic aura originates from the right hemisphere». *Neurology*, *58*(2), 302-304. <https://doi.org/10.1212/WNL.58.2.302>.

28. Georgiadis, J. R., Kortekaas, R., Kuipers, R., Nieuwenburg, A., Pruim, J., Reinders, A. A. T. S., & Holstege, G. (2006). «Regional cerebral blood flow changes associated with clitorally induced orgasm in healthy women». *European Journal of Neuroscience*, *24*(October), 3305-3316. <https://doi.org/10.1111/j.1460-9568.2006.05206.x>.

29. Poeppl, T. B., Langguth, B., Laird, A. R., & Eickhoff, S. B. (2019). «Meta-analytic Evidence for Neural Dysactivity Underlying Sexual Dysfunction». *The Journal of Sexual Medicine*, *16*(5), 614-617. <https://doi.org/10.1016/j.jsxm.2019.02.012>.

30. Yin, T., Liu, Q., Ma, Z., Li, Z., Sun, R., & Ren, F. (2020). *Associations Between Altered Cerebral Activity Patterns and Psychosocial Disorders in Patients with Psychogenic Erectile Dysfunction: A Mediation Analysis of fMRI*. *11*(October). <https://doi.org/10.3389/fpsyt.2020.583619>.

31. Poeppl, T. B., Langguth, B., Rupprecht, R., Safron, A., Bzdok, D., Laird, A. R., & Eickhoff, S. B. (2016). «The neural basis of sex differences in sexual behavior: A quantitative meta-analysis». *Frontiers in Neuroendocrinology*, *43*, 28-43. <https://doi.org/10.1016/j.yfrne.2016.10.001>.

32. Mitricheva, E., Kimura, R., Logothetis, N. K., & Noori, H. R. (2019). «Neural substrates of sexual arousal are not sex dependent». *Proceedings of the National Academy of Sciences of the United States of America*, *116*(31), 15671-15676. <https://doi.org/10.1073/pnas.1904975116>.

33. Safron, A., Klimaj, V., Sylva, D., Rosenthal, A. M., Li, M., Walter, M., & Bailey, J. M. (2018). «Neural Correlates of Sexual Orientation in Heterosexual, Bisexual, and Homosexual Women». *Scientific Reports*, *8*(1), 1-14. <https://doi.org/10.1038/s41598-017-18372-0>.

34. Safron, A., Sylva, D., Klimaj, V., Rosenthal, A. M., Li, M., Walter, M., & Bailey, J. M. (2017). «Neural Correlates of Sexual Orientation in Heterosexual, Bisexual, and Homosexual Men». *Scientific Reports*, *7*, 1-15. <https://doi.org/10.1038/srep41314>.

35. Chivers, M. L. (2017). «The Specificity of Women's Sexual Response and Its Relationship with Sexual Orientations: A Review and Ten Hypotheses». *Archives of Sexual Behavior*, *46*(5), 1161-1179. <https://doi.org/10.1007/s10508-016-0897-x>.

CAPÍTULO 2. Neurociencia y colectivo LGBTI

1. ILGA World: Lucas Ramon Mendos, Kellyn Botha, Rafael Carrano Lelis, Enrique López de la Peña, Ilia Savelev and Daron Tan, *State-Sponsored Homophobia 2020: Global Legislation Overview Update* (Geneva: ILGA, December 2020).

2. Darmstadt, G. L., Heise, L., Gupta, G. R., Henry, S., Cislaghi, B., Greene, M. E., Hawkes, S., Hay, K., Heymann, J., Klugman, J., Levy, J. K., Raj, A., & Weber, A. M. (2019). «Why now for a Series on gender equality, norms, and health?». *The Lancet*, *393*(10189), 2374-2377. <https://doi.org/10.1016/S0140-6736(19)30985-7>.

3. Naciones Unidas (2017). «Ficha de datos Intersex». *Libres e Iguales*, 1-4. <https://www.unfe.org/wp-content/uploads/2018/10/Intersex-ES.pdf>.

4. Richards, C., Bouman, W. P., Seal, L., Barker, M. J., Nieder, T. O., & Tsjoen, G. (2016). «Non-binary or genderqueer genders». *International Review of Psychiatry*, *28*(1), 95-102. <https://doi.org/10.3109/09540261.2015.1106446>.

5. Monro, S. (2019). Non-binary and genderqueer: «An overview of the field». *International Journal of Transgenderism, 20*(2-3), 126-131. <https://doi.org/10.1080/15532739.2018.1538841>.

6. Scandurra, C., Mezza, F., Maldonato, N. M., Bottone, M., Bochicchio, V., Valerio, P., & Vitelli, R. (2019). «Health of non-binary and genderqueer people: A systematic review». *Frontiers in Psychology, 10*(June). <https://doi.org/10.3389/fpsyg.2019.01453>.

7. Thorne, N., Yip, A. K. T., Bouman, W. P., Marshall, E., & Arcelus, J. (2019). «The terminology of identities between, outside and beyond the gender binary-A systematic review». *International Journal of Transgenderism, 20*(2-3), 138-154. <https://doi.org/10.1080/15532739.2019.1640654>.

8. UNIÓN EUROPEA. PARLAMENTO EUROPEO. *Decisión 2019/2879(RSP) sobre la situación del colectivo LGBTI en Uganda*, de 23/10/2019. Disponible en: <https://www.europarl.europa.eu/doceo/document/RC-9-2019-0134_EN.html>.

9. Bailey, J. M., Vasey, P. L., Diamond, L. M., Breedlove, S. M., Vilain, E., & Epprecht, M. (2016). «Sexual orientation, controversy, and science». *Psychological Science in the Public Interest, 17*(2), 45-101. <https://doi.org/10.1177/1529100616637616>.

10. Långström, N., Rahman, Q., Carlström, E., & Lichtenstein, P. (2010). «Genetic and environmental effects on same-sex sexual behavior: a population study of twins in Sweden». *Archives of sexual behavior, 39*(1), 75-80. <https://doi.org/10.1007/s10508-008-9386-1>.

11. Ganna, A., Verweij, K. J. H., Nivard, M. G., Maier, R., Wedow, R., Busch, A. S., Abdellaoui, A., Guo, S., Fah Sathirapongsasuti, J., Team, R., Lichtenstein, P., Lundström, S., Långström, N., Auton, A., Harris, K. M., Beecham, G. W., Martin, E. R., Sanders, A. R., Perry, J. R. B., ... Zietsch, B. P. (2019). «Large-scale GWAS reveals insights into the genetic architecture of same-sex sexual behavior». *Science, 365*(6456). <https://doi.org/10.1126/science.aat7693>.

12. Balthazart, J. (2017). «Fraternal birth order effect on sexual orientation explained». *Proceedings of the National Academy of Sciences of the United States of America, 115*(2), 234-236. <https://doi.org/10.1073/pnas.1719534115>.

13. Blanchard R. (2004). «Quantitative and theoretical analyses of the relation between older brothers and homosexuality in men». *Journal of theoretical biology, 230*(2), 173-187. <https://doi.org/10.1016/j.jtbi.2004.04.021>.

14. Blanchard, R. (2021). «Estimation of the Fraternal Birth Order Effect in the UK Biobank Data Reported by Abé *et al*.». (2021). *Archives of Sexual Behavior, 50*(5), 1853-1858. <https://doi.org/10.1007/s10508-021-02041-5>.

15. Blanchard, R. (2018). «Fraternal Birth Order, Family Size, and Male Homosexuality: Meta-Analysis of Studies Spanning 25 Years». *Archives of Sexual Behavior, 47*(1), 1-15. <https://doi.org/10.1007/s10508-017-1007-4>.

16. Bogaert, A. F. (2006). «Biological versus nonbiological older brothers and men's sexual orientation». *Proceedings of the National Academy of Sciences of the United States of America, 103*(28), 10771-10774. <https://doi.org/10.1073/pnas.0511152103>.

17. Bogaert, A. F., Skorska, M. N., Wang, C., Gabrie, J., MacNeil, A. J., Hoffarth, M. R., Vander-Laan, D. P., Zucker, K. J., & Blanchard, R. (2018). «Male homosexuality and maternal immune responsivity to the Y-linked protein NLGN4Y». *Proceedings of the National Academy of Sciences of the United States of America, 115*(2), 302-306. <https://doi.org/10.1073/pnas.1705895114>.

18. Rosario, M., & Schrimshaw, E. W. (2013). «Theories and etiologies of sexual orientation». *APA Handbook of Sexuality and Psychology, Vol. 1: Person-Based Approaches., January 2014*, 555-596. <https://doi.org/10.1037/14193-018>.

19. Swaab, D. F., & Hofman, M. A. (1990). «An enlarged suprachiasmatic nucleus in homosexual men». *Brain research*, *537*(1-2), 141–148. <https://doi.org/10.1016/0006-8993(90)90350-k>.

20. Votinov, M., Goerlich, K. S., Puiu, A. A., Smith, E., Jockschat, T. N., Derntl, B., & Habel, U. (2021). «Brain structure changes associated with sexual orientation». *Scientific Reports*, 1-10. <https://doi.org/10.1038/s41598-021-84496-z>.

21. Frigerio, A., Ballerini, L., & Valdés, M. (2021). «Structural, Functional, and Metabolic Brain Differences as a Function of Gender Identity or Sexual Orientation: A Systematic Review of the Human Neuroimaging Literature». *Archives of Sexual Behavior*, *0123456789*. <https://doi.org/10.1007/s10508-021-02005-9>.

22. Xu, Y., Norton, S., & Rahman, Q. (2020). «Sexual Orientation and Cognitive Ability: A Multivariate Meta-Analytic Follow-Up». *Archives of Sexual Behavior*, *49*(2), 413-420. <https://doi.org/10.1007/s10508-020-01632-y>.

23. Rahman, Q., Xu, Y., Lippa, R. A., & Vasey, P. L. (2020). «Prevalence of Sexual Orientation Across 28 Nations and Its Association with Gender Equality, Economic Development, and Individualism». *Archives of Sexual Behavior*, *49*(2), 595-606. <https://doi.org/10.1007/s10508-019-01590-0>.

24. Jabbour, J., Holmes, L., Sylva, D., Hsu, K. J., Semon, T. L., Rosenthal, A. M., Safron, A., Slettevold, E., Watts-Overall, T. M., Savin-Williams, R. C., Sylla, J., Rieger, G., & Bailey, J. M. (2020). «Robust evidence for bisexual orientation among men». *Proceedings of the National Academy of Sciences of the United States of America*, *117*(31), 18369-18377. <https://doi.org/10.1073/pnas.2003631117>.

25. Zivony, A. (2020). «Bisexuality in men exists but cannot be decoded from men's genital arousal». *Proceedings of the National Academy of Sciences of the United States of America*, *117*(50), 31577-31578. <https://doi.org/10.1073/pnas.2016533117>.

26. Feinstein, B. A., & Paz Galupo, M. (2020). «Bisexual orientation cannot be reduced to arousal patterns». *Proceedings of the National Academy of Sciences of the United States of America*, *117*(50), 31575-31576. <https://doi.org/10.1073/pnas.2016612117>.

27. The Asexual Visibility & Education Network (2021-2022). *About Asexuality*. The Asexual Visibility & Education Network. Recuperado el 10 de diciembre de 2021 de <https://www.asexuality.org/?q=overview.html>.

28. Bogaert, A. F. (2015). «Asexuality: What it is and why it matters». *Journal of Sex Research*, *52*(4), 362-379. <https://doi.org/10.1080/00224499.2015.1015713>.

29. Brotto, L. A., & Yule, M. (2017). «Asexuality: Sexual Orientation, Paraphilia, Sexual Dysfunction, or None of the Above?». *Archives of Sexual Behavior*, *46*(3), 619-627. <https://doi.org/10.1007/s10508-016-0802-7>.

30. De Oliveira, L., Carvalho, J., Sarikaya, S., Urkmez, A., Salonia, A., & Russo, G. I. (2021). «Patterns of sexual behavior and psychological processes in asexual persons: a systematic review». *International Journal of Impotence Research*, *33*(6), 641-651. <https://doi.org/10.1038/s41443-020-0336-3>.

31. Van Houdenhove, E., Gijs, L., T'sjoen, G., & Enzlin, P. (2015). «Asexuality: A multidimensional approach». *Journal of Sex Research*, *52*(6), 669-678. <https://doi.org/10.1080/00224499.2014.898015>.

32. Bradshaw, J., Brown, N., Kingstone, A., & Brotto, L. (2021). «Asexuality vs. sexual interest/arousal disorder: Examining group differences in initial attention to sexual stimuli». *PLoS ONE*, *16*(12 December), 1-18. <https://doi.org/10.1371/journal.pone.0261434>.

33. Uribe, C., Junque, C., Gómez-Gil, E., Díez-Cirarda, M., & Guillamon, A. (2021). «Brain connectivity dynamics in cisgender and transmen people with gender incongruence before gender affirmative hormone treatment». *Scientific Reports*, *11*(1), 1-11. <https://doi.org/10.1038/s41598-021-00508-y>.

34. Mueller, S. C., Guillamon, A., Zubiaurre-Elorza, L., Junque, C., Gomez-Gil, E., Uribe, C., Khorashad, B. S., Khazai, B., Talaei, A., Habel, U., Votinov, M., Derntl, B., Lanzenberger, R., Seiger, R., Kranz, G. S., Kreukels, B. P. C., Kettenis, P. T. C., Burke, S. M., Lambalk, N. B., ... Luders, E. (2021). «The Neuroanatomy of Transgender Identity: Mega-Analytic Findings From the ENIGMA Transgender Persons Working Group». *Journal of Sexual Medicine*, *18*(6), 1122-1129. <https://doi.org/10.1016/j.jsxm.2021.03.079>.

35. Eliot, L., Ahmed, A., Khan, H., & Patel, J. (2021). «Dump the "dimorphism": Comprehensive synthesis of human brain studies reveals few male-female differences beyond size». *Neuroscience and Biobehavioral Reviews*, *125*, 667-697. <https://doi.org/10.1016/j.neubiorev.2021.02.026>.

36. Uribe, C., Junque, C., Gómez-Gil, E., Abos, A., Mueller, S. C., & Guillamon, A. (2020). «Brain network interactions in transgender individuals with gender incongruence». *NeuroImage*, *211*(November 2019). <https://doi.org/10.1016/j.neuroimage.2020.116613>.

37. Sanchis-Segura, C., Ibáñez-Gual, M. V., Adrián-Ventura, J., Aguirre, N., Gómez-Cruz, Á. J., Avila, C., & Forn, C. (2019). «Sex differences in gray matter volume: how many and how large are they really?». *Biology of sex differences*, *10*(1), 32. <https://doi.org/10.1186/s13293-019-0245-7>.

38. Sanchis-Segura, C., Ibáñez-Gual, M. V., Aguirre, N., Gómez-Cruz, Á. J., & Forn, C. (2020). «Effects of different intracranial volume correction methods on univariate sex differences in grey matter volume and multivariate sex prediction». *Scientific Reports*, *10*(1), 1-15. <https://doi.org/10.1038/s41598-020-69361-9>.

39. Rippon, G., Jordan-Young, R., Kaiser, A., & Fine, C. (2014). «Recommendations for sex/gender neuroimaging research: key principles and implications for research design, analysis, and interpretation». *Frontiers in human neuroscience*, *8*, 650. <https://doi.org/10.3389/fnhum.2014.00650>.

40. Eliot, L., Ahmed, A., Khan, H., & Patel, J. (2021). «Dump the "dimorphism": Comprehensive synthesis of human brain studies reveals few male-female differences beyond size». *Neuroscience and Biobehavioral Reviews*, *125*, 667-697. <https://doi.org/10.1016/j.neubiorev.2021.02.026>.

41. Rippon, G. (2020). *El género y nuestros cerebros. La nueva neurociencia que rompe el mito del cerebro femenino.* Galaxia Gutenberg.

42. Joel, D., Berman, Z., Tavor, I., Wexler, N., Gaber, O., Stein, Y., Shefi, N., Pool, J., Urchs, S., Margulies, D. S., Liem, F., Hänggi, J., Jäncke, L., & Assaf, Y. (2015). «Sex beyond the genitalia: The human brain mosaic». *Proceedings of the National Academy of Sciences of the United States of America*, *112*(50), 15468-15473. <https://doi.org/10.1073/pnas.1509654112>.

43. Joel, D., García-Falgueras, A., & Swaab, D. (2020). *The Complex Relationships between Sex and the Brain.* <https://doi.org/10.1177/1073858419867298>.

44. Joel, D. (2021). «Beyond the binary: Rethinking sex and the brain». *Neuroscience and Biobehavioral Reviews*, *122*, 165-175. <https://doi.org/10.1016/j.neubiorev.2020.11.018>.

45. Zhang, Y., Luo, Q., Huang, C., Lo, C. Z., Langley, C., Desrivières, S., Quinlan, E. B., Banaschewski, T., Millenet, S., Bokde, A. L. W., Flor, H., Garavan, H., Gowland, P., Heinz, A., Ittermann, B., Nees, F., Orfanos, D. P., & Poustka, L. (2021). *The Human Brain Is Best Described as Being on a Female / Male Continuum: Evidence from a Neuroimaging Connectivity Study.* June, 3021-3033. <https://doi.org/10.1093/cercor/bhaa408>.

46. Just the Facts Coalition. (2008). *Just the Facts about Sexual Orientation and Youth: A Primer for Principals, Educators, and School Personnel.* <https://www.apa.org/pi/lgbt/resources/just-the-facts>.

47. Council on Minority Mental Health and Health Disparities (2020). *Position Statement on Issues Related to Sexual Orientation and Gender Minority Status* (Issue July). <https://www.apa.org/pi/lgbt/resources/just-the-facts>.

48. Peidro, S. (2021). «La patologización de la homosexualidad en los manuales diagnósticos y clasificaciones psiquiátricas». *Revista de Bioética y Derecho*, *52*, 221-235. <www.bioeticayderecho.ub.edu>.

49. Ramírez Pérez, V. M. (2018). «Franquismo y disidencia sexual. La visión del Ministerio Fiscal de la época». *Aposta. Revista de Ciencias Sociales*, *77*, 132-176. <https://www.redalyc.org/journal/4959/495957375004/html/>.

50. Documentos Radio Nacional Española (05/11/2016). «La homosexualidad durante el franquismo» [episodio de pódcast de audio]. En Documentos RNE. <https://www.rtve.es/play/audios/documentos-rne/documentos-rne-homosexualidad-durante-franquismo-05-11-16/3787127/>.

CAPÍTULO 3. Las redes sociales

1. Rhodes, L. (Productora). (2020). *The Social Dilemma* [documental]. Netflix. <https://www.netflix.com/>.

2. Teffer, K., & Semendeferi, K. (2012). «Human prefrontal cortex. Evolution, development, and pathology». In *Progress in Brain Research* (1st ed., Vol. 195). Elsevier B.V. <https://doi.org/10.1016/B978-0-444-53860-4.00009-X>.

3. Eslinger, P. J., Anders, S., Ballarini, T., Boutros, S., Krach, S., Mayer, A. V., Moll, J., Newton, T. L., Schroeter, M. L., De Oliveira-Souza, R., Raber, J., Sullivan, G. B., Swain, J. E., Lowe, L., & Zahn, R. (2021). «The neuroscience of social feelings: mechanisms of adaptive social functioning». *Neuroscience and Biobehavioral Reviews*, *128*, 592-620. <https://doi.org/10.1016/j.neubiorev.2021.05.028>.

4. Sherman, L. E., Hernandez, L. M., Greenfield, P. M., & Dapretto, M. (2018). «What the brain "Likes": Neural correlates of providing feedback on social media». *Social Cognitive and Affective Neuroscience*, *13*(7), 699-707. <https://doi.org/10.1093/scan/nsy051>.

5. Alkire, D., Levitas, D., Warnell, K. R., & Redcay, E. (2018). «Social interaction recruits mentalizing and reward systems in middle childhood». *Human brain mapping*, *39*(10), 3928-3942. <https://doi.org/10.1002/hbm.24221>.

6. Leigh-Hunt, N., Bagguley, D., Bash, K., Turner, V., Turnbull, S., Valtorta, N., & Caan, W. (2017). «An overview of systematic reviews on the public health consequences of social isolation and loneliness». *Public Health*, *152*, 157-171. <https://doi.org/10.1016/j.puhe.2017.07.035>.

7. Meshi, D., Tamir, D. I., & Heekeren, H. R. (2015). «The Emerging Neuroscience of Social Media». *Trends in Cognitive Sciences*, *19*(12), 771-782. <https://doi.org/10.1016/j.tics.2015.09.004>.

8. Sherman, L. E., Greenfield, P. M., Hernandez, L. M., & Dapretto, M. (2017). «Peer Influence Via Instagram: Effects on Brain and Behavior in Adolescence and Young Adulthood». *Child Development*, *89*(1), 37-47. <https://doi.org/10.1111/cdev.12838>.

9. Sherman, L. E., Payton, A. A., Hernández, L. M., Greenfield, P. M., & Dapretto, M. (2016). «The Power of the Like in Adolescence: Effects of Peer Influence on Neural and Behavioral

Responses to Social Media». *Psychological Science, 27*(7), 1027-1035. <https://doi.org/10.1177/0956797616645673>.

10. Somerville, L. H. (2013). «The Teenage Brain: Sensitivity to Social Evaluation». *Current Directions in Psychological Science, 22*(2), 121-127. <https://doi.org/10.1177/0963721413476512>.

11. Marciano, L., Camerini, A. L., & Morese, R. (2021). «The Developing Brain in the Digital Era: A Scoping Review of Structural and Functional Correlates of Screen Time in Adolescence». *Frontiers in Psychology, 12*, 1-15. <https://doi.org/10.3389/fpsyg.2021.671817>.

12. Kim-Cohen, J., Caspi, A., Moffitt, T. E., Harrington, H., Milne, B. J., & Poulton, R. (2003). «Prior Juvenile Diagnoses in Adults with Mental Disorder». *Archives of General Psychiatry, 60*(7), 709. <https://doi.org/10.1001/archpsyc.60.7.709>.

13. McKay, M. T., Cannon, M., Chambers, D., Conroy, R. M., Coughlan, H., Dodd, P., Healy, C., O'Donnell, L., & Clarke, M. C. (2021). «Childhood trauma and adult mental disorder: A systematic review and meta-analysis of longitudinal cohort studies». *Acta Psychiatrica Scandinavica, 143*(3), 189-205. <https://doi.org/10.1111/acps.13268>.

14. Ivie, E. J., Pettitt, A., Moses, L. J., & Allen, N. B. (2020). «A meta-analysis of the association between adolescent social media use and depressive symptoms». *Journal of Affective Disorders, 275*(November 2019), 165-174. <https://doi.org/10.1016/j.jad.2020.06.014>.

15. Coyne, S. M., Rogers, A. A., Zurcher, J. D., Stockdale, L., & Booth, M. (2020). «Does time spent using social media impact mental health?: An eight year longitudinal study». *Computers in Human Behavior, 104*(July 2019), 106160. <https://doi.org/10.1016/j.chb.2019.106160>.

16. Sharma, M. K., John, N., & Sahu, M. (2020). «Influence of social media on mental health: a systematic review». *Current Opinion in Psychiatry, 33*(5), 467-475. <https://doi.org/10.1097/YCO.0000000000 000631>.

17. Rounsefell, K., Gibson, S., McLean, S., Blair, M., Molenaar, A., Brennan, L., Truby, H., & McCaffrey, T. A. (2020). «Social media, body image and food choices in healthy young adults: A mixed methods systematic review». *Nutrition and Dietetics, 77*(1), 19-40. <https://doi.org/10.1111/1747-0080.12581>.

18. De Valle, M. K., Gallego-García, M., Williamson, P., & Wade, T. D. (2021). «Social media, body image, and the question of causation: Meta-analyses of experimental and longitudinal evidence». *Body Image, 39*, 276-292. <https://doi.org/10.1016/j.bodyim.2021.10.001>.

19. Cunningham, S., Hudson, C. C., & Harkness, K. (2021). «Social Media and Depression Symptoms: A Meta-Analysis». *Research on Child and Adolescent Psychopathology, 49*(2), 241-253. <https://doi.org/10.1007/s10802-020-00715-7>.

20. Cheng, C., Lau, Y. Ching, Chan, L., & Luk, J. W. (2021). «Prevalence of social media addiction across 32 nations: Meta-analysis with subgroup analysis of classification schemes and cultural values». *Addictive Behaviors, 117*. <https://doi.org/10.1016/j.addbeh.2021.106845>.

21. Naslund, J. A., Bondre, A., Torous, J., & Aschbrenner, K. A. (2020). «Social Media and Mental Health: Benefits, Risks, and Opportunities for Research and Practice». *Journal of Technology in Behavioral Science, 5*(3), 245-257. <https://doi.org/10.1007/s41347-020-00134-x>.

CAPÍTULO 4. Salud mental

1. Confederación Salud Mental España. *Salud Mental España y los problemas de salud mental.* <https://consaludmental.org/informate/>.

2. Instituto Nacional de Estadística (enero de 2021). *La salud mental en pandemia. Lo que dicen las encuestas.* Cifras INE, *Boletín informativo del Instituto Nacional de Estadística.* <https://www.ine.es/ss/Satellite?L=esES&c=INECifrasINE_C&cid=1259953225445&p=1254735116567&pagename=ProductosYServicios%2FINECifrasINE_C%2FPYSDetalleCifrasINE>.

3. Organización Mundial de la Salud (13 de septiembre de 2021). *Depresión.* <https://www.who.int/es/news-room/fact-sheets/detail/depression>.

4. Bernardo, Á., Álvarez del Vayo, M., Torrecillas, C., Hernández, A., Belmonte, E., Gavilanes, M. A., Tuñas, O. y Cabo, D. (9 de marzo de 2021). *Pagar o esperar: cómo Europa -y España- tratan la ansiedad y la depresión.* CIVIO. <https://civio.es/medicamentalia/2021/03/09/acceso-a-la-salud-mental-en-europa-espana/>.

5. World Health Organization (2022). *Mental Health and COVID-19: Early evidence of the pandemic's impact.* 2(March), 1-11. <https://www.who.int/publications/i/item/WHO-2019-nCoV-Sci_Brief-Mental_health-2022.1>.

6. ANAR, F. (2020). *Informe Anual Teléfono/Chat ANAR. En tiempos de COVID-19. Año 2020.* <https://www.anar.org/avance-informe-anar-sobre-el-impacto-del-covid-19-sobre-los-menores-de-edad-en-espana/>.

7. Organización Mundial de la Salud. *Constitución.* <https://www.who.int/es/about/governance/constitution>.

8. Frances, A. (2014). *¿Somos todos enfermos mentales?* Ariel.

9. Nebrera, M. (20 de mayo de 2021). «Generación cristal». *El Nacional.cat.* <https://www.elnacional.cat/es/opinion/montserrat-nebrera-generacion-cristal_611636_102.html>.

10. Lazarus, R. S., & Folkman, S. (1984). *Stress, appraisal, and coping.* Springer publishing company.

11. Sandín, B. (2020). «El estrés». En C. Sánchez Sáinz-Trápaga (ed.), *Manual de Psicopatología,* volumen I (pp. 371-412). McGraw-Hill.

12. Godoy, L. D., Rossignoli, M. T., Delfino-Pereira, P., García-Cairasco, N., & Umeoka, E. H. de L. (2018). «A comprehensive overview on stress neurobiology: Basic concepts and clinical implications». *Frontiers in Behavioral Neuroscience, 12*(July), 1-23. <https://doi.org/10.3389/fnbeh.2018.00127>.

13. Frodl, T., & O'Keane, V. (2013). «How does the brain deal with cumulative stress? A review with focus on developmental stress, HPA axis function and hippocampal structure in humans». *Neurobiology of Disease, 52,* 24-37. <https://doi.org/10.1016/j.nbd.2012.03.012>.

14. Liu, M. Y., Li, N., Li, W. A., & Khan, H. (2017). «Association between psychosocial stress and hypertension: a systematic review and meta-analysis». *Neurological research, 39*(6), 573-580. <https://doi.org/10.1080/01616412.2017.1317904>.

15. Steptoe, A., & Kivimäki, M. (2012). «Stress and cardiovascular disease». *Nature reviews. Cardiology, 9*(6), 360-370. <https://doi.org/10.1038/nrcardio.2012.45>.

16. Zefferino, R., Di Gioia, S., & Conese, M. (2021). «Molecular links between endocrine, nervous and immune system during chronic stress». *Brain and Behavior, 11*(2), 1-15. <https://doi.org/10.1002/brb3.1960>.

17. Abizaid A. (2019). «Stress and obesity: The ghrelin connection». *Journal of neuroendocrinology, 31*(7), e12693. <https://doi.org/10.1111/jne.12693>.

18. Lupien, S. J., Juster, R. P., Raymond, C., & Marin, M. F. (2018). «The effects of chronic stress on the human brain: From neurotoxicity, to vulnerability, to opportunity». *Frontiers in Neuroendocrinology, 49,* 91-105. <https://doi.org/10.1016/j.yfrne.2018.02.001>.

19. Wingenfeld, K., & Wolf, O. T. (2014). «Stress, memory, and the hippocampus». *The Hippocampus in Clinical Neuroscience, 34*, 109-120. <https://doi.org/10.1159/000356423>.

20. Kim, E. J., Pellman, B., & Kim, J. J. (2015). «Stress effects on the hippocampus: a critical review». *Learning & memory* (Cold Spring Harbor, NY), *22*(9), 411-416. <https://doi.org/10.1101/lm.037291.114>.

21. Marin, M. F., Lord, C., Andrews, J., Juster, R. P., Sindi, S., Arsenault-Lapierre, G., Fiocco, A. J., & Lupien, S. J. (2011). «Chronic stress, cognitive functioning and mental health». *Neurobiology of learning and memory, 96*(4), 583-595. <https://doi.org/10.1016/j.nlm.2011.02.016>.

22. Remes, O., Francisco, J., & Templeton, P. (2021). «Biological, Psychological, and Social Determinants of Depression: A Review of Recent Literature». *Brain Sciences, 11*(12). <https://doi.org/10.3390/brainsci11121633>.

23. Dean, J., & Keshavan, M. (2017). «The neurobiology of depression: An integrated view». *Asian journal of psychiatry, 27*, 101-111. <https://doi.org/10.1016/j.ajp.2017.01.025>.

24. Vázquez, C. y Sanz, J. (2020). «Trastornos depresivos». En C. Sánchez Sáinz-Trápaga (ed.), *Manual de Psicopatología*, volumen II (pp. 199-232). McGraw-Hill.

25. Keller, J., Gomez, R., Williams, G., Lembke, A., Lazzeroni, L., Murphy, G. M., Jr, & Schatzberg, A. F. (2017). «HPA axis in major depression: cortisol, clinical symptomatology and genetic variation predict cognition». *Molecular psychiatry, 22*(4), 527-536. <https://doi.org/10.1038/mp.2016.120>.

26. Dedovic, K., & Ngiam, J. (2015). «The cortisol awakening response and major depression: Examining the evidence». *Neuropsychiatric Disease and Treatment, 11*, 1181-1189. <https://doi.org/10.2147/NDT.S62289>.

27. Eikeseth, F. F., Denninghaus, S., Cropley, M., Witthöft, M., Pawelzik, M., & Sütterlin, S. (2019). «The cortisol awakening response at admission to hospital predicts depression severity after discharge in MDD patients». *Journal of Psychiatric Research, 111*(January), 44-50. <https://doi.org/10.1016/j.jpsychires.2019.01.002>.

28. Gray, J. P., Müller, V. I., Eickhoff, S. B., & Fox, P. T. (2020). «Multimodal abnormalities of brain structure and function in major depressive disorder: A meta-analysis of neuroimaging studies». *American Journal of Psychiatry, 177*(5), 422-434. <https://doi.org/10.1176/appi.ajp.2019.19050560>.

29. Teicher, M. H., Samson, J. A., Anderson, C. M., & Ohashi, K. (2016). «The effects of childhood maltreatment on brain structure, function and connectivity». *Nature Reviews Neuroscience, 17*(10), 652-666. <https://doi.org/10.1038/nrn.2016.111>.

30. Thompson, P. M., Jahanshad, N., Ching, C. R. K., Salminen, L. E., Thomopoulos, S. I., Bright, J., Baune, B. T., Bertolín, S., Bralten, J., Bruin, W. B., Bülow, R., Chen, J., Chye, Y., Dannlowski, U., de Kovel, C. G. F., Donohoe, G., Eyler, L. T., Faraone, S. V., Favre, P., ... Zelman, V. (2020). «ENIGMA and global neuroscience: A decade of large-scale studies of the brain in health and disease across more than 40 countries». *Translational Psychiatry, 10*(1), 1-28. <https://doi.org/10.1038/s41398-020-0705-1>.